中小学语文教材同步科普分级阅读

—— 五年级（上册）——

数学百草园

谈祥柏◎著

U0232802

长江出版传媒 湖北科学技术出版社

图书在版编目(CIP)数据

数学百草园／谈祥柏著. —武汉：湖北科学技术
出版社，2021.6(2021.10 重印)

（中小学语文教材同步科普分级阅读）

ISBN 978-7-5706-1405-9

Ⅰ. ①数… Ⅱ. ①谈… Ⅲ. ①数学—青少年读物
Ⅳ. ①O1-49

中国版本图书馆 CIP 数据核字(2021)第 062455 号

数学百草园
SHUXUE BAICAOYUAN

责任编辑：宋志阳　　　　　　　　　　　　　封面设计：胡　博

出版发行：湖北科学技术出版社　　　　　　　电话：027-87679468
地　　址：武汉市雄楚大街 268 号　　　　　　邮编：430070
　　　　　（湖北出版文化城 B 座 13-14 层）
网　　址：http://www.hbstp.com.cn

印　　刷：武汉中科兴业印务有限公司　　　　邮编：430071

700×1000　　1/16　　　　　　14.75 印张　　　　210 千字
2021 年 6 月第 1 版　　　　　　2021 年 10 月第 2 次印刷
　　　　　　　　　　　　　　　　　　　　　定价：39.80 元

前　言

问渠那得清如许？为有源头活水来

叶永烈、高士其、贾兰坡、潘家铮……这些熟悉的名字一映入眼帘，便立即把我拉回到 20 世纪 80 年代。儿时的我曾痴迷于他们的科幻作品，他们娓娓道来的新鲜的知识和离奇的故事，让我单调的世界里有了一个美好的未来世界。那时，我常常想：未来的世界真的是这样发达和美妙吗？如今，世界发生了天翻地覆的变化，很多当初的预言成为当今的现实：视频对话、器官移植、机器人等。让人不得不感叹：这世界，只有想不到，没有做不到。

想，往往是行动的先导。正是有了想法，促使人们不断去改造这个社会，推动人类文明的发展。美国的莱特兄弟想：如果人也能飞上天那就好了。这个梦想支撑着他们不断探索研究，研制出飞机。如今，飞机已经成为重要的交通工具，方便了人们的出行。爱因斯坦说过："我没有特殊的天赋，我只是极度地好奇。"对科学现象的好奇，对未知知识的好奇，对知识应用于实践的好奇……是科学家成功的奥秘，也是社会发展进步的源泉。而作为孩子，天性就是爱想，就是具有强烈的好奇心。这种珍贵的品性，如果能加以正确地引导和挖掘，一定会对社会大有裨益。所以，我推荐大家读一读这套《中小学语文教材同步科普分级阅读》。

这套书选编自《中国科普大奖图书典藏书系》，此书系被叶永烈先生誉为"科普出版的文化长城"。按照对应年级语文教材的内容和对科普知识及阅读能力的要求，丛书编选委员会结合一线语文老师的经验，为读者做了合理的选择和安排。丛书的作者都是各科研领域卓有成就的科学家。他们有各自领域或多领域的扎实深厚的专业知识，让你在阅读中潜移默化地了解一些科学知识。

例如：读高士其的《细菌世界历险记》，随着"菌儿"的讲述，描述了细菌的衣食住行、生活习性，以及其对人类的益处和坏处；贾兰坡的《爷爷的爷爷哪里来》则向大家讲述一个个生动有趣的研究人类历史的故事，使我们不知不觉中收获有关人类的起源的各种知识；《穿过地平线》中文采洋溢的李四光，将牵着你的手看看我们熟悉而陌生的地球，了解它的过去、现在和未来，以及地球上发生与存在的各种事物给我们带来的有用信息等；潘家铮院士的《偷脑的贼》，其科幻内容生命力持久，构思缜密、情节跌宕、悬念丛生，让人欲罢不能；数学童话大师李毓佩著的《数学大世界》，融合了大量有趣的关于数学的东西方传奇故事和游戏，让我们在脑力激荡中认识数学的发展脉络。

这套书中，还有《茫茫宇宙觅知音》《每月之星》《魔盒》《草木私语》《科学大师的失误》……阅读之后，你可以把这些有趣的科学知识讲给爸爸妈妈或是同学听听，你获得的愉悦远比跟他们讲讲所打的电子游戏强多了。有的书还图文并茂，可以说是个小型的某学科类的少儿百科全书。当然，你大可不必担心读不懂，这套书里的故事，无论是讲科学家自己的人生经历、科学研究过程，还是数学、生物、自然科学方面的小知识，都如高士其爷爷所说的："用浅显有趣的文字，将一门神秘奥妙的科学化装起来，不，裸体起来。使它变成不是专家的奇货，而是大众读者的点心兼补品了。"何况，还有一些充满了科幻悬疑色彩的探案小说，丝毫不亚于你们看的一些侦探破案的动画片，在层层破解案情的过程中，会让你感受到更多动脑筋的乐趣和收获科学知识的满足感。

我推荐这套书的理由，也是站在一个语文老师的立场来看的。这套书的内容，除了准确的科学知识，也不乏丰富的文学和历史知识。古代文人轶事的探讨，古诗文原句的引用，以唐宋历史为背景的悬疑故事等，让我们在历史与现实、真实与虚构中穿梭，读这些书，定会有酣畅淋漓之感。再加上，这些科学家们语言功底也颇为深厚，不乏文采，也极具幽默之能事。不能不让人感叹：这些科学家的知识面真广，语言表达能力很棒，值得我们学习。

更重要的是，这套书的内容所传达的价值观是积极向上的。我看到的是这些科学家满怀爱国情怀的故事，是对名誉、地位、金钱和利益的正确认识和取舍，是对科学的客观态度，以及对法制公正的坚守、对未来科技发展的美好愿景。读这套书，会让成长中的你们认清真善美，辨别假丑恶，知道自己该坚持的是什么。你们健康茁壮成长，祖国的未来便可期。

希望你们在阅读这套书时，能静下心来，边读边想，让自己仿佛与科学家们在倾心交谈，向他们学习新的知识，探讨科学的奥秘，破解有技术含量的难题。那一定是有趣的，会让你沉迷其中，乐此不疲。谁的一生没有几本书对他产生过巨大影响？多年之后，你回味来路，一定会有一本或几本书影响了你的人生。那么，我希望这套书能对你们的人生产生积极的有意义的影响。待你们成才之时，便可以说："问渠那得清如许？为有源头活水来。"是这套科普丛书伴我成长的。

吴洪涛　华中师范大学第一附属中学语文特级教师

目 录

数 学 人 物

文史建筑体育社科

迷人的数与数的变换

数学魔术与戏法

数 学 之 美

巧解妙题提高智力

数学广角镜

数 学 人 物

图 灵

　　说到电子计算机，人们都会一致推崇第一台通用电子计算机的设计师——数学家冯·诺伊曼。可是，后者却不止一次地说过，图灵才是现代计算机设计思想的创始人。

　　艾伦·图灵 1912 年生于伦敦，少年时代他已经表现出对数学和自然科学的偏爱。1931 年，图灵进入著名的剑桥大学专攻数学。开始时，他的成绩在班级里很一般，但升入三年级后，情况大变。图灵才华横溢，思如泉涌，一鸣惊人，高出侪辈，赢得了师友的称道，毕业后留校当了助教。

　　1936 年，这位 24 岁的青年发表了著名的图灵机设想。所谓"图灵机"，并不是什么具体的机器，而只是一台理想的机器，它由三部分构成：一台控制机，一条带子和一个读写头。带子上分成了许多小格，每一小格存一个符号，读写头沿着纸带移动，从而向控制机传输信息。这台理想机器虽然极其简单，但却能完成

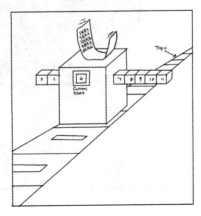

一切计算机的功能。尽管巴贝奇在一百多年前就开始了通用数字计算机的研制工作，比图灵早得多，但只是到了图灵手里，才奠定了坚实的理论基础。

1937年，图灵的著作出版了，其中就包含着有关图灵机的论文，当即引起了学术界的注意。1938年，图灵取得物理学博士学位，并被委任为冯·诺伊曼博士的助手。

1939年，希特勒发动"闪电"战，猛攻波兰，第二次世界大战爆发，图灵毅然投笔从戎。应召入伍以后，他被派到英国外交部，从事极端机密的工作。据说，英国外交部采纳了图灵的建议，在1943年研制出了破译密码的专用机器，破译了纳粹德国的许多密码。由于功勋卓著，图灵被授予至高无上的大英帝国勋章。

1945年，第二次世界大战结束，图灵从部队退伍，进入英国国家物理研究所，以很大的热情从事于一架自动计算机的研制工作。这架机器名叫ACE，在1950年研制成功，是第一代电子管计算机。

图灵后来进入曼彻斯特大学，和当时计算机科学界的一些先行者合作共事。这时，他已经众望所归，成为这门年轻的学术领域的权威人士。

1950年，图灵发表了《计算机能思考吗?》的著名论文，提出了后来被人们经常引用的"图灵试验"。试验是这样的：一个人不能接触其对手，但是可以同对手进行一系列的问答，如果这个人无法判断他的对手到底是人还是计算机，那就可以认为这台计算机已经具有同人类相当的思考能力。

正当图灵的一生事业处于巅峰的时候，1954年，他突然去世。图灵的一生，虽然只活了42岁，可是他的成就很大，称得上是一位杰出的数学家。

高斯的幸福数

高斯号称"数学王子"，凡是研究数学、物理和天文的对他几乎无人不知，他被认为是古往今来最伟大的数学家之一，与阿基米德、欧几里得、牛顿、欧拉等并驾齐驱。

他出生于德国不伦瑞克的一个普通工匠之家,早在孩提时代就凸现出非凡的智力,但因家境贫寒,他无法进入高等学府深造。

龙潜大泽,终究是要腾飞的。就在他 15 岁的那年,有一位不伦瑞克公爵非常欣赏他的才华,慷慨解囊,全力资助他进入卡罗琳学院学习,从而改变了他的人生轨迹。

1795 年,高斯进入了德国最著名的格丁根大学,他一度曾在攻读什么专业上举棋不定,究竟是选择数学还是选语言学,但最后终于毅然选择了前者。

高斯有一个与众不同的做法,他喜欢用心照不宣的暗号来记录自己所走过的人生之路,他总是在每篇重要论文的后面签上一个数字,而这个数字就是从他来到世上的第一天算到该论文或著作发表的那一天的日期数。

1798 年,高斯转入德国赫尔姆斯泰特大学,下一年(1799 年)的 7 月 16 日,高斯因他的一项辉煌成就——证明代数基本定理而荣获博士学位,这篇论文也被誉为自古以来含金量最高的。

高斯用 8113 来记录这个令人难忘的日子。试问:由此数出发,你能推算出高斯出生于何年何月何日吗?无论采用逆推或顺算,都可以得出正确的答案:高斯生于 1777 年 4 月 30 日。《中国大百科全书·数学卷》以及别的重要工具书都会明白告诉你,算得一点不错,让我们来验证一下:

1777 年还剩下:31+30+31+31+30+31+30+31=245,生日本身也算一天,故应为 246 天。

当时的历法已经同我们现在所使用的完全一样了。从 1778 年到 1798 年,其中共有 1780,1784,1788,1792,1796 等五个闰年(凡是最后二位数能被 4 正好除尽的是闰年,但最后二位数为 00 的另有规定),所以共有 365 × 16+366 × 5=365 × 21+5=7670 天。

不难算出 1799 年 1 月 1 日到 7 月 16 日共有 31+28+31+30+31+30+16=197 天。

把上面所得的 3 个日期统统相加起来,便有:

7670+246+197=8113

高斯后来一直担任格丁根大学教授兼格丁根天文台台长。他于1855年2月23日去世。有兴趣的读者不妨算一算：他一生总共活了多少天？（生日与命终的一天都要算进去）请注意：其中有一个小小的环节，你如果不熟悉天文、历法知识，那就会算错的。

如今，社会上及教育界一切有识之士纷纷指出，如果让中、小学生在一些毫无兴趣，艰辛万分的难题里钻牛角尖，不仅无用，而且有害。各方面知识的综合运用才有利于幼苗的茁壮成长。

"夏商周断代工程"是近年来我国科技界联合攻关所取得的一项重大成果，它正是在历史学家、古文字学家、考古学家、天文学家与电脑专家等各方面人士的通力合作而得出的。

喜欢动手的数学玩家

陈省身先生是20世纪屈指可数的大数学家，他生前有过一句名言，经常被人引用，那就是"数学好玩"，此话当然不是戏言，而是有感而发。

柳卡是数学史上一位相当有名的法国数学家，有不少重要的建树，如柳卡数列，柳卡素性测试等，他本人对被一般人视为"雕虫小技"的数学游戏却是"情有独钟"。其中有一些游戏雅俗共赏，没有年龄限制，从3岁到80岁，人人都可以玩。

譬如，如图1的一只狭长棋盘，共有七格，左端有三只黑子，右端有三只白子，中间留出一个空白格子。规定黑子只能从左到右，白子只能从右到左，或走或跳。要求用最少的步数使黑、白易位，请问应该如何走法？

图1

解决这样的问题,当然可以各运机杼,不必强求一致,所谓"八仙过海,各显神通"。但是柳卡的解法,却是高度对称,凸现了数学之美,从而拔得了头筹,下面就是他的解法:

一白	二黑	三白	三黑	三白	二黑	一白
一	一	二	三	二	一	一
走	跳	跳	跳	跳	跳	走
	一	一		一	一	
	走	走		走	走	

一共15步,其中走6步,跳9步(两者都是3的倍数),这就是最优解了。

问题已告圆满解决,完全可以交卷,但柳卡并没有到此止步。他把狭长棋盘的七个格子,用正整数1,2,3,4,5,6,7的顺序进行编号,如图2所示:

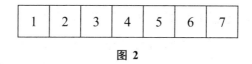

图 2

柳卡反问自己:"我用黑子,白子的或走或跳来做记录,这种办法是不是太笨拙了,因为棋盘上的空档只有一个,不论是跳也好,走也好,每走一步,空穴的位置就移动了,所以只要用空穴的流动法来做记录,不是什么问题都解决了吗?"

想到这里,他猛然大彻大悟,哈哈大笑。当下立即大笔一挥,写出了空穴"搬家"的记法:

3,5,6,4,2,1,3,5,7,6,4,2,3,5,4

众所周知,研究固体物理的学者们知道半导体有P型与N型之分,空穴流转正是半导体理论的精妙之处,而早在两百多年以前,柳卡就从数学游戏中"悟"出了它的道理,真是多么奇妙啊!

初生之犊不畏虎

保罗·爱多士（编辑注：现译为埃尔德什）是历史上名列第二的多产数学家，仅次于欧拉，他于1913年出生在匈牙利首都布达佩斯市的一个中学教师家庭。

爱多士在12岁时就用巧妙的证法证明了一位数学教授感到棘手的难题。那一天，这位教授与他们全家共进晚餐。席间，吃得红光满面，洋洋自得的教授开口问坐在他身旁的这位小神童：

"从1到100的自然数中任意取出51个数，它们当中至少有两个数互质，这个结论对不对，应该怎样去证明？"

爱多士顿时停了下来不吃菜了，他陷入沉思，一言不发。

教授补充说："当然我们知道，任何相邻两数是互质的。"

听到教授的这个提示之后，小爱多士猛然开了窍，领悟到"证明"已经近在咫尺，实际上，他只要证明，在1到100之间所取的51个数中，至少有两个数是相邻的就行了。

"证明"立时从他的脑子里冒出来了,将 1 到 100 这一百个自然数两两分组(相邻的两个在一组):(1,2),(3,4),(5,6),(7,8)……直到(99,100),这样一来,一共有 50 组。从这 50 组中任取 51 个数,必然至少可以将其中的某一组中的两个数全部取到。换言之,从 1 到 100 这一百个数中任取 51 个数时,必然至少有一对数是相邻的,所以它们肯定互质。

爱多士圆满地解决了教授的难题。然而他所用的证法,只是人人都懂的"抽屉原理"[在国外,一般称为"鸽巢"(pigeon hole)原理]。

传奇数学家爱多士

保罗·爱多士是一位传奇式的数学家,他把一切都献给了数学,他自己却像是一位流浪者:没有家,也没有固定的工作。

保罗·爱多士一直在数学领域里孜孜不倦地工作,直到 1996 年,在波兰首都华沙参加一个数学会议时心脏病突发而暴卒,享年 83 岁。爱多士是古往今来最伟大、最古怪、最富于原创性的数学家之一。他好胜心强,喜欢提问题,解决数论(整数性质的研究)与其他领域中的难题,例如离散数学(计算机科学的基础)。他又是有史以来最多产的数学家之一,共发表了 1500 多篇论文。

爱多士于 1913 年出生于布达佩斯市一个匈牙利国籍的犹太人家庭,父母亲都是数学教师,他是他们唯一的存活下来的孩子,主要是在自己家里受教育。直到 1930 年,他进入了布达佩斯的彼得·帕茨马尼大学,不久他就成了那里的一小群优秀青年犹太数学家的中心人物。读大学二年级时,他实际上已经完成了博士课程,后来在布达佩斯大学取得了数学博士学位。1934 年,他去了英国曼彻斯特进修"博士后"。1938 年,爱多士远涉重洋到了美国,接下来的十年他都在那边度过。第一年,他在普林斯顿高等研究院工作时,写出了举世震惊的论文,并创立了概率数论。他还解决了逼近论与维数论中的一些重要问题。由于研究院的工作未能续聘,他开始了其漂泊生涯,先后曾在宾夕法尼亚大学、诺特丹、斯坦福等大学都待过相当长的时间。

1949 年发生的重大数学事件是阿特利·赛尔伯格(Atle Selberg)与爱多士所做出的素数定理的初等证法。这一结果以相当好的精确度预言了素数的分布,该结果最早是在 1896 年用了很复杂难懂的办法证明的,当时认为不可能找到初等证法。这源于爱多士年仅 20 岁时发现了数论中一个著名定理的巧妙证法。定理断言:对任一大于 1 的数,在此数与其 2 倍数之间至少存在着一个素数。

人们记忆中的爱多士是一个弯腰曲背、身材瘦小的人,穿着短袜和凉鞋。为了追求数学乐趣,他丢开了生活中的一切负担——找个地方住下来,驾驶汽车,交所得税,买日用杂货——依靠朋友来照料他的生活。他说道:"拥有财产真是讨厌之至。"他把生活的主要目的定格为研究数学:"去证明,去猜想。"他把讲课费及所获奖金用来资助攻读数学专业的大学生或者支付他所提问题的奖金。他去世时,身后仅留下 25000 美元。

由于他把注意力全部倾注在数学上面,因而他在数学界之外是默默无闻的。他不是畅销书作者,不追求世俗名利与个人舒适。事实上,在他长大成人以后的大部分时间中,他过的是一种"手提箱"(但他从来不会好好装箱)式的生活。他喜欢带着半空的手提箱从一个会议赶到另一个会议,仆仆风尘,同数学家们待在一起。当他抵达一个新的城市时,他会出现在当地最出名的数学家的门口,当众宣布:"我的大脑是开放的。"作为一名客人,他会废寝忘食般地工作数日,在他耗尽了一切想法或者他的东道主失去耐心之后离去(倘若话题不涉及数学,他会倒在餐桌上呼呼睡觉)。有时,他也许会用"如果我还活着,明天我们再继续下去"的话来搪塞,终止讲课。

一般公认,爱多士是自古至今第二位多产的数学家,仅次于伟大的 18 世纪数学家列昂哈德·欧拉(数学圈子里的人一提起他的名字就会肃然起敬）。爱多士除了约有 1500 篇已发表的论文外，还有 50 多篇在他死后才陆续登出（爱多士在 70 岁时还每周发表一篇论文）。比起历史上任何一位数学家，爱多士无疑是拥有更多合作者（大约 500 多人）。他同当时众多的数学家合作，从而产生了一个名为"爱多士数"的特殊现象。如果一位数学家同他合作写过一篇论文，其人的爱多士数就等于 1；如果爱多士数为 2，则此人的合作者应该是同爱多士合作发表过论文的人……世上大约有 4500 多名数学家的"爱多士数"为 2。

1999 年年底，研究人员发现，菲尔兹奖（同诺贝尔奖相当的数学大奖）的得主都有着小于或等于 5 的爱多士数。另外，戴上诺贝尔奖桂冠的人，尽管他们中许多人的专业与数学相距甚远，却也有 60 余人的爱多士数为个位数。例如沃森与克里克，他们的爱多士数分别为 7 与 8。

尽管他脾气古怪，或者正因为如此，数学家们反而非常尊敬他，感到同他合作极有吸引力。他被视为数学界富有机智的才子，别人要用连篇累牍的方程才能解出的问题，他总能做出简洁巧妙的解法，从而使别人佩服得五体投地。

泰斗之交

数学界泰斗，号称"一代宗师"的华罗庚先生逝世许多年了。23 年前，华老应邀前往日本讲学。不料，在做学术报告时心脏病突然发作，不幸病逝。

在此之前，华老曾经接到过德国、法国、美国、加拿大、荷兰等国许多大学的邀请，前去讲学。华老有句名言"弄斧必到班门"，因此，他准备了十多个数学问题，其中涉及代数、多复变函数论、偏微分方程、矩阵论乃至优选法等内容。武侠小说中有所谓"找高手过招"，华老深有同感，只有这样，才能练成盖世武功，成为多方面名列世界前茅的一代名师。

说起武侠小说，自然不能不提华老与当代武侠小说泰斗梁羽生先生的交谊。这两位不同领域的泰斗，于1979年8月下旬在英国伯明翰不期而遇，相见恨晚，从此成了推心置腹、无话不谈的知己。所以，由梁羽生先生亲笔写下的华罗庚传奇与生平轶事，才显得特别客观，分外珍奇。其中，对华老名字来历的描述更是"独家披露"。

华老于1910年出生在江苏金坛（现为常州市管辖下的一个县级市）的一个清寒人家。这年他父亲已经40岁了。儿子一生下来，父亲马上用两个箩筐一扣，按当地的风俗，据说这样就可以"生根"，容易养活。"箩"字去了"竹"便是"罗"，而"庚"则与"根"同音。经此变化，小名"箩根"便变成了大名"罗庚"。贫穷人家的父母，最担心的是儿女养不活，长不大。所以，华老的名字，真正是包含着父母对他的祈福与祝愿啊！"可怜天下父母心"，这是一个很典型的例子。

华老是自学成才的，一鸣惊人，后来名闻天下，他治学严谨，为国家培养出了无数优秀人才。他文理兼通，诗、文、对联都写得很好，流传至今的：

> 三强韩赵魏
> 九章勾股弦

等，至今依旧为人们经常引用和称道。下面的这首诗，当年曾给梁羽生与其他学术界人士留下了深刻印象：

> 同是一粒豆，两种前途在。
> 阴湿覆盖中，养成豆芽菜。
> 娇嫩盘中珍，聊供朵颐快。
> 如或落大地，再润日光晒。
> 开花结豆荚，留传代复代。
> 春播一斗种，秋收千百袋！

皇帝、总统与几何

公元前3世纪,欧几里得总结了前人在生产实践中获得的大量数学知识,写成了《几何原本》,这是一本内容异常丰富的著作,对数学发展的影响很大,欧几里得因而名震一时。

统治埃及的托勒密国王对几何学也深感兴趣,他自命"天纵圣明",认为天下无论什么事情都能一看就懂,一学就会。可是,看了《几何原本》之后,他却皱起眉头来了,感到非常棘手。但转念一想,他又自作聪明地认为,这类烦琐说教是专为凡夫俗子而设的,对他这位"富有四海"的天子,肯定另有一条捷径。于是就问欧几里得:"几何之法,可有捷径否?"不料欧几里得并不买他的账,冷冷地回答道:"夫几何一途,若大道然,王安得独辟一途也?"(引自清代著名数学家,同文馆总教习,海宁李善兰先生所作的《几何原本序》)。国王托勒密被兜头泼了一瓢冷水,大为扫兴,打消了学习几何的想法。从此以后,"几何无王者之道"(There is no royal road to Geometry)就作为一句名言而流传下来了。

清朝康熙皇帝爱新觉罗·玄烨在位60年,他是中国历史上统治年代最为长久的君主(上古时期的唐尧、虞舜号称在位一百年,但那只是传说,并无实据)。康熙对几何最感兴趣,常常连续几个时辰不停,他不仅学习定理、命题,还动手做习题,因而真正掌握了这门学科的精髓。他曾指示臣下,将明末徐光启和意大利人利玛窦译成的汉文《几何原本》译为满文。另外,他还学习了对数与三角,在其主持下,编成了数学巨著《数理精蕴》。

几何知识与测量实践关系密切,康熙帝对此也极为重视。他曾先后六次南巡,每次都检查了河工与水利工作,还亲自勘察地形,测量水文,批评脑满肠肥、尸位素餐的官僚。《清史稿》说他:"上(对皇上的简称)登岸步行二里许,亲置仪器,定方向,钉桩木,以纪丈量之处。"

法国皇帝拿破仑一世的几何造诣很深，在古今中外的帝王中堪称翘楚。他出身行伍，当过炮兵军官，对射击和测量中用到的几何、三角知识，本来就有很多感性认识。后来进一步提高，从理论角度对几何问题进行探讨。拿破仑的一番心血没有白费，在几何学的众多趣题中，有的竟冠上他的名字！

现在简单地介绍一个脍炙人口的"拿破仑三角形"。随便画一个三角形，然后在三条边的外侧，分别作三个等边三角形，设它们的外接圆圆心是 O_1, O_2, O_3，连接此三点，成一新的三角形 $O_1O_2O_3$，称为"外拿破仑三角形"。然后再在 $\triangle ABC$ 三条边的内侧，也分别作三个等边三角形，设它们的外接圆圆心是 P_1, P_2, P_3，连此三点成一新的三角形，叫作"内拿破仑三角形"。

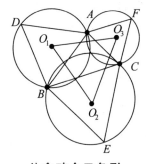 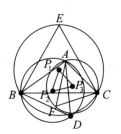

外拿破仑三角形　　　　　　　内拿破仑三角形

拿破仑凭其独特的几何天才，证明了：

外拿破仑三角形是一个正三角形；
内拿破仑三角形也是一个正三角形。

而且上述两个三角形的外接圆圆心为同一点。

即使在今天，要证明上述事实也并不容易，何况是当年，怪不得一些数学家（其中有拉普拉斯）也感到十分惊异，向他提出了一个要求："我们有个请求，请您来给大家上一堂几何课吧！"

拿破仑在几何学上有这样深的造诣，是和他的谦虚好学分不开的，他有一些大数学家作为朋友，例如拉格朗日和拉普拉斯，后者被他封为伯爵，并任命为法国内政大臣。

历史上,皇帝、总统也有玩数学的。除拿破仑外,还有美国总统加菲尔德和法国总统戴高乐。拿破仑对几何和三角有特别爱好和研究,他的"拿破仑三角形":"在三角形外侧、以各边为一边的三个正三角形的外心是另一个正三角形的顶点。"被著名数学家所欣赏,成为数学史上的佳话。

美国第二十届总统詹姆斯·加菲尔德,给出了一个十分巧妙的关于勾股定理的证明:

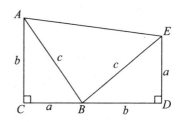

△ABC是直角三角形,如右图,作$BE \perp AB$,取$BE=AB$,延长CB至D,使$BD=AC$,连接ED,则$ACDE$是直角梯形,其面积为

$$\frac{1}{2}CD(AC+ED)=\frac{1}{2}(a+b)^2,$$

又此梯形面积为

$$S_{\triangle ABC}+S_{\triangle ABE}+S_{\triangle BDE}=\frac{1}{2}c^2+ab。$$

因此

$$\frac{1}{2}c^2+ab=\frac{1}{2}a^2+\frac{1}{2}b^2+ab,$$

即得$c^2=a^2+b^2$。

据说,总统的这一巧妙证明是他与议员们做数学游戏时想出来的。

戴高乐是反法西斯的英雄,他生前生活俭朴,去世后墓前只有一块小小的墓碑,上刻"戴高乐之墓",碑的另一面是一个洛林十字架造型。洛林原是法国领土,普法战争后割让给普鲁士,戴高乐生前胸前常佩带一个洛林十字架,不忘收复失地。

洛林十字架如下页图所示,由13块1×1的小正方形构成。戴高乐解决了等分洛林十字架问题:

用圆规与直尺过A点作一直线,把十字架划分成面积相等的两部分。

他的做法是:连接BM,与AD交于F点,以F为圆心,FD为半径作弧,此弧与BF交于G点;以B为圆心,BG为半径作弧,此弧与BD交于C点。

连 CA，延长 CA 与十字架边界交于 N 点，CAN 即为所求。

事实上，$\triangle ACD \cong \triangle AHP$，可见在 CAN 右

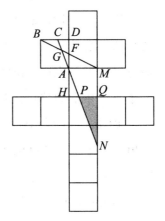

侧的面积是 6 个小正方形加上 $\triangle PQN$ 的面积，

只欠缺证 $S_{\triangle PQN}=\dfrac{1}{2}$，$\dfrac{S_{\triangle ACD}}{S_{\triangle PQN}}=\left(\dfrac{CD}{1-CD}\right)^2$，①

而 $CD=1-BC=1-BG$，

$BG=BF-\dfrac{1}{2}$，

$BF=\sqrt{1+\dfrac{1}{4}}=\dfrac{\sqrt{5}}{2}$，

$BG=\dfrac{\sqrt{5}}{2}-\dfrac{1}{2}=\dfrac{\sqrt{5}-1}{2}$，

$CD=1-\dfrac{\sqrt{5}-1}{2}=\dfrac{3-\sqrt{5}}{2}$。

把 $CD=\dfrac{3-\sqrt{5}}{2}$ 代入①，得 $S_{\triangle PQN}=\dfrac{(1-CD)^2}{2CD}=\dfrac{1}{2}$。

邱钰茜的一大发现

不久前,台湾朋友告诉我一个好消息,台中市立惠文高中的一位女学生邱钰茜在 2005 年的"旺宏"科学奖中击败台湾各地明星高中生,荣获"金牌奖",奖金为新台币 40 万元,引来万众瞩目。

邱钰茜说,她获奖的发现是受到数学界有名的卡普利加数的启发而促成的。众所周知,印度数学家卡普利加(Kaprekar)在一次偶然机会中,发现铁路线上记着"3025"的一块里程碑在盛暑的暴雨中被雷劈为两半:30 与 25,而 30 与 25 之和为 55,55 的平方又正好等于 3025,由此而做了大量研究工作。邱钰茜所发现的"伪"三位数 078,却与之有异曲同工之妙,从而把它命名为"雷霆数":

$078^2 = 6084$

$084 - 6 = 078$

从后到前,每三位分成一节,先减后加,交替进行,直到得出结果,这种做法,当然与卡普利加数是很不一样的。

参加评审的教授们对一位女高中生能作出硕士级以上水平的论文感到非常吃惊,也曾经十分怀疑,但后来他们听过答辩,还是心悦诚服了,于是大家一致投了赞成票,并无异议。

令人们无限倾倒的是它像坚贞的爱情一样历劫不磨,永恒不变。对此,人们可以用"七八同行,金石永固"八个大字来加以形容。

让我们先看 078 的三次方与四次方的计算结果:

$078^3 = 474552$,

$552 - 474 = 078$;

$078^4 = 37015056$,

$056 - 015 + 37 = 078$。

由此也可以看出，我们之所以要把78写成078，并不是为了追求新奇，眩人耳目而故作惊人之笔，而是忠实、客观地反映一个奇妙的规律（也有人说是节奏或起伏，反正"见仁见智"，各家自有各家的说法而已），从后向前，每三位一节，而且加、减法交替进行。

五次方、六次方仍然如此，但为了节省篇幅，有意把它们省略了。欲求"全豹"者请自己予以补充。

本文采用的方针有点像第二次世界大战期间的"跳岛战术"，只把七次方与八次方写出来，它们是：

$078^7=17565568854912$，

$912-854+568-565+17=078$；

$078^8=1370114370683136$，

$136-683+370-114+370-1=078$

数字是相当庞大的，但因为结果震撼人心，还是值得计算一番。其实，真的运算起来也不太困难，可用电子计算器进行分段处理，或者用两只大算盘拼起来做，熟悉珠算的人可以用后一种办法，一竿子捅到底，不亦快哉！

078的神奇性质并不是到了八次方就"封顶"的，但大家可以不必再往下做了，因为它是一个"不变量"，地老天荒，海枯石烂，永恒不变。数的永恒魅力，正在于此。

邱钰茜的发现说大不大，说小不小，不要说一般人，就连电脑与计算器也是把078视为78。只为前面少了个0，一般都看作二位数，谁会把它想作三位数而进行三位分节处理呢？所以无数奇才异能、高士名家都被它瞒过，就连印度的天才数学家卡普利加本人也没有发现。于是，蒙在上面的一层绝薄、绝薄的纸也就始终捅不破，真是一种根深蒂固的思维定式。不是经常有人说要打破这种无形束缚和桎梏吗，但当他们真正身历其境时，又难免"上场昏"而毫无作为了。

所以，我们在搜索三位数的种种奇妙自然规律时，必须从001开始，直到999为止的。从前那种规定，即首位数必须是非零有效数字的看法，确实有点陈旧过时了。不过,在真正作运算时,078 当然要作 78 来处理,这就叫作"辩证法"的统一。

走出象牙塔

关于数学的重要性,法国皇帝拿破仑一世曾一字千金,力透纸背地说到了本质上去:"数学的进步与完善同国家的兴旺发达紧密地联系在一起。"

但是,美国一流数学家斯坦尼斯劳·伍拉姆(Stanislaw Ulam)又说了一句大实话:"当我十几岁时,我曾想过,如果有可能成为一名数学家,我愿意干这一行。然而,从实际的观点来考虑问题,要做出进大学攻读数学的决策是非常困难的,因为靠数学谋生是非常非常不容易的。"

研究数学所得甚少,生活往往很清苦。因此,一些天资聪明、才华出众的青年学生往往半路"抛弃"数学,改换门庭去从事其他的研究工作,这是毋庸讳言的事实。在市场经济越来越发达的现代社会,许多人都追求高收入,这种困窘与难以为继的状况就更加明显了。

甚至在日本已经出过广中平佑等好几位菲尔兹奖(数学最高奖)获得者的日本,青年学生的数学能力也呈现出每况愈下、逐年下降的态势,从而使日本政界要人与社会名流们忧心忡忡。

于是,日本数学会在 2005 年出面设立了出版奖,目的就是为了让各个年龄段的人通过通俗易懂的科普图书来爱上数学。据日本发行量最大的报纸《朝日新闻》报道,首届"日本数学会出版奖"目前已在东京揭晓,女作家小川洋子的杰作《博士最爱的公式》荣获大奖。

该书主人公"我"是一位单身母亲,带着儿子,书中的博士则是一个 17 年前因交通事故而丧失了记忆的数学家。"我"在博士家里当家政服务员,在博士几乎所有的记忆都消失之际,数学却成了沟通他们心灵的桥梁,三个孤独的人由此演绎了一段奇妙而温情的故事。

日本数学会理事长森田康夫教授表示，数学里其实充满了趣味，只是由于专业性比较强，一般人觉得难以理解。女作家小川洋子开了一个好头，她将"高深"的数学引入通俗的文学之中，使数学走出象牙塔，卸下了"狰狞可怖"的"面具"，无疑将把一大批普通读者吸引过来。

当前世界上确有许多优秀数学读物，我们的出版界在引进版权时应当比较、鉴别，注意长远效益，尤应重视别国学术界重量级人物的评价和推荐，"风物长宜放眼量"，切实做好"全球化"形势下的"拿来主义"，才能为我所用。

最长寿的作家安葬金山

2007 年 1 月 23 日凌晨一点三刻，早年曾与林语堂、邵洵美等人一起创办《论语》杂志，当过金庸老师的文化老人章克标，以 108 岁的高龄在上海逝世。同鲁迅先生一样，他也是浙江人，日文水平很高，翻译过《菊池宽传》《谷崎润一郎》等著作。我们知道，鲁迅先生早在 20 世纪 30 年代中叶即已去世，而章老先生直到 2007 年才"走"。毫无疑问，他应该是迄今为止，中国最长寿的作家了（连古代作家也一起算进去）。

9 月 8 日，教师节来临前夕，章老的骨灰在上海金山区松隐山庄落葬，距其出生地观潮胜地海宁市不远（海宁是国学大师王国维先生的故乡，徐志摩的老家现在是该市的中心地段），同在杭州湾的北岸。

章克标是新文学社团"狮吼社"的创始人之一，他的作品《文坛登龙术》曾经名噪一时，是当时的一本畅销书，影响不小。

章先生当过教师，而且对数学教育法有一定研究，对不喜欢数学，成绩低劣的中、小学生很有一套办法。早年曾是国内外大名鼎鼎的武侠小说大师金庸，人造卫星专家屠善澄等人的老师。

章先生有一非常特殊的本领，为一般教师、作家与数学工作者所望尘莫及。他的《文坛登龙术》不光是嘴上谈兵,说说而已,而是百分之百的"不鸣则已,一鸣惊人"。同许多当官、经商的大作家不一样,即使到了暮年,他的创作欲依旧不衰,写出了《九十自述》《世纪挥手》等作品,受到了新朋旧友的好评。

但是,毕竟时光不饶人,世人逐渐遗忘了他。一生从来不甘心寂寞的章克标,终于想出了一个绝妙的高招,在上海销路最大的休闲、娱乐性报纸《申江服务导报》(在全国范围内也是数得上号的)的"人间鹊桥"专栏上登出了"征婚启事",时为 1999 年 1 月 13 日,他已经 100 岁了。

这则新闻当年在社会上引起轰动,国内外媒体纷纷转载报道,远到新加坡、马来西亚、澳大利亚、新西兰……都盛传此事,当它是 20 世纪的"天方夜谭"。一时之间,应征信件居然塞满了《申江服务导报》的信箱,而该报的印数,也像夏天温度计上的水银柱那样扶摇直上。

后来,章老先生真的找到了相当理想的良伴,从 100 岁到 108 岁,这段百岁后的婚姻给了他们夫妇两人很幸福的晚年,"活得很开心,很快活"。章老还想活到 120 岁,可惜不能如愿,这一创纪录的婚姻还是画上了圆满的句号。不过,他也给予后人很大的启发:

"数学或许也应该长上文学的翅膀,才能远走高飞。"

文史建筑体育社科

第一部算术书

1984年,在湖北省江陵县张家山的第247号汉墓中,出土了西汉初期的《算术书》。

竹简共有200余支,大约7000字。每支竹简长23~25厘米,宽0.3~0.4厘米,通过三道竹编联结起来。文字都写在竹黄的一面,字体为隶书,现代人可以辨识,基本上没有很大的困难。

全书大约分为60个专题,内容可分为两类。第一类是涉及计算方法的,有整数乘法以及分数加、减、乘、除等四则运算的法则,分别称作"乘""合分""赠减分"("赠"为古代的异体字,现在已经淘汰不用了,它相当于现在的"增"字)"分乘""经分"等,这些名称,虽然听起来十分古怪,但经过专家的破译与解释,人们对它的实际意义已能完全理解与掌握了。

第二类是密切联系当时生产实际的应用题,例如,买卖黄金的"出金",计算正方形或长方形面积的"方田";买卖食盐或工业用盐的"贾盐";收取土地租金的"税田";发放贷款与计算利息的"息钱"等。可见其内容已经不完全局限于算术,还涉及初步的代数与几何知识。

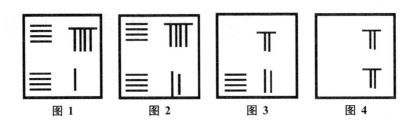

图1　　　　图2　　　　图3　　　　图4

这部书的发现，不仅证明了我国古代历史文献所记载的《九章算术》完全可靠，而且竹简的年代甚至要比《九章算术》的成书还要上溯200多年，真可以说是世界上第一部算术书了。

铺 地 锦

"铺地锦"是一种计算两数乘积的方法。据说，这种方法最早出现在印度古代数学家婆什迦罗的一本著作中。公元12世纪以后，广泛流传于阿拉伯人聚居的地区，其后又通过阿拉伯人传入欧洲，并很快在欧洲流行。15世纪中叶，意大利数学家帕乔利在《算术、几何及比例性质摘要》一书中曾介绍过这种方法，当时叫作"格子乘法"。传入中国以后也很风行，并受到明代数学家程大位的青睐，把它吸收进了名著《算法统宗》中去，并改名为"铺地锦"。

我国著名古典小说《镜花缘》是清代作家李汝珍所著，是一部百科全书式，包罗万象的小说，上至天文，下至地理，以及医药、生物、园艺、音韵、文学、灯谜……一应俱全，无所不包，在这部小说中也曾出现过跟数学有关的情节与故事，读来耐人寻味。

该书第七十九回里就有一段求圆周长的题目。一位名叫青钿的姑娘请教女才子"持筹女"米兰芬，圆桌的周长应该怎样计算，后者就向身边的女伴，宗伯府的小姐卞宝云要过一把尺来，量出圆桌的直径之后进行了计算，所用的圆周率为3.14，计算办法就用了"铺地锦"。

下面,让我们以 648 × 37 为例加以说明(当时的记法为六四八乘以三七,不难看出,其实没有多大差别)。

根据被乘数和乘数的位数画一个长方形,将被乘数自左至右写在长方形的顶上,再将乘数自上至下写在长方形的右边,并用 4 条斜线把长方形分开(见图 1)。

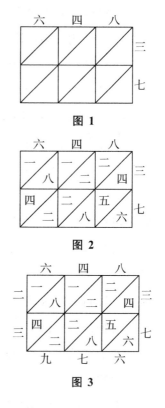

图 1

将被乘数与乘数的每一位数都相乘,并将其积写在相应的小方格里,十位上的数记在上面的三角形中,个位上的数则记在下面的三角形里(见图 2)。

图 2

从右下角开始沿着斜行将各数相加,满了十就向前面相邻的斜行进位,把每一斜行相加的结果写在长方形外面相应的"斜行"处(见图 3)。

最后,自上而下,从左到右地读出这五个数字所组成的多位数,其乘积为二三九七六,换成通常的写法,即:

图 3

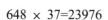

648 × 37=23976

为了交代得比较详细,我们先后画了三个图。实际上,做到熟练之后,只要画一个图就行了,反正是草图,画得马虎一点也不要紧,实际上所花的时间同普通乘法相差无几。因而许多人认为,只要在书写形式上再加以简化和改进,即使时至今日,铺地锦算法仍有其一定的存在价值。

中国古代的度量衡

度量衡是一切物理科学的根本,数学既然是研究"数"与"量"的科学,当然与它有关。

度量衡的起源,向来都被说得很神秘,不论古今中外,情况都有点类似。

有些英汉大辞典里说,1码(Yard)等于3英尺(0.9144米),起源相当有传奇性,竟是依照英国国王亨利一世(Henry I,1068—1135)的鼻尖到大拇指端点的长度来规定的。中国古老相传,尺的长度是按照夏朝王室的鼻祖——大禹的身体来制定的。这类传说真是怪异透顶,但不能认为它们纯属虚妄。总之,度量衡的起源同人类自身有关,因而,学者们称之为"人身说"。

古代有本书叫《孔子家语》,名气虽然比不上《四书》《五经》,但不失为一部重要典籍,里面就有"布指知寸,布手知尺"这样的话。时至今日,在我国广大农村地区中,也仍在继续使用这种原始计量法。譬如说,形容村口的大树有多粗,就说"几人合抱"。锯下来一根大木头,就说它有"几手口径"。这里所谓的"手",便是指从大拇指顶端到中指指尖张开时的长度。常人一手,长约22厘米,几手与周朝时期的一尺相等。其实,周朝前期(西周)古尺的长度,就是从"手"而来。而"尺"字的古代象形文字,也写作腕下有两指张开的模样。

度量衡的出现,以度为最早,目前已知者是商朝的骨尺。量器稍晚,春秋时代的量器,目前已发现不少。衡器更晚一些,要到战国时期才出现(一般认为,三家分晋,田氏篡齐是春秋时代与战国时代的分水岭),秦代更多。

秦汉的衡器是天平式的,衡权(即砝码)逐步成套,考古屡有发现,质地有铜的、铁的、石的。重量相差很悬殊,轻的只有一铢(相当于1两的1/24),重的可达30多千克,力气小的人根本拿不动。

江苏省盱眙县以盛产小龙虾名扬天下,号称"美食之乡"。前几年曾在那里的乡间发现战国时代楚国的神兽金权,出土时使许多人的眼睛为之一亮,原来它是以黄金铸就的,含金量高达99%。金权、铜钟堪称中国度量衡中的瑰宝,同锋利的越王勾践的宝剑一样,也可反映出古代中国的冶金技术,在当时世界上是首屈一指的。

公元年数与干支的换算

我国历史上的重要事件,特别是近代史,以干支来命名的非常之多,例如"甲午海战""辛亥革命""戊戌政变"等等,所以公元年数与干支纪年的对应关系是很有实用意义的。我国民间沿用干支纪年法已有几千年历史,每年新生婴儿的生肖属相也由此来确定,甚至集邮爱好者也对"龙年""虎年""猴年"的邮票津津乐道呢。

所谓干支纪年,是由 10 个天干和 12 个地支依照顺序组合而成的。10 个天干便是甲、乙、丙、丁、戊、己、庚、辛、壬、癸;12 个地支是子、丑、寅、卯、辰、巳、午、未、申、酉、戌、亥。天干和地支相互搭配而成的结果便是甲子、乙丑、丙寅、丁卯……直到壬戌、癸亥,通称"六十甲子"。这里应该注意奇数天干只能和奇数地支相结合,偶数天干只能和偶数地支相结合。一奇一偶是不可能结合的,所以决不会出现庚卯、丁申等年头。有人问我,在古画上曾看到过丁申与丁丙,又该如何解释?我告诉他,那是清代的两位画家与藏书家的姓与名,绝不是年份。

60 是 10 和 12 的最小公倍数,所以每过 60 年就要重复一次,癸亥之后是甲子,周而复始。秦汉以后(三皇五帝不算,因为他们都是传说中的人物,并无信史记录,也拿不出甲骨文作为旁证材料),历代帝王中统治年代最长的要推清朝的康熙皇帝爱新觉罗·玄烨。他在位达 61 年之久,所以康熙六十一年的干支与康熙元年的干支完全相同,这在我国历史上是举不出第二个例子的。

目前,世界上绝大多数国家,也包括我国在内,都是通行公元纪年的。那么,怎样把公元年份和干支纪年相互换算呢?由于公元 4 年是甲子年,所以公元年数要比干支年的顺序数大 3。当人们提出一个公元年份后,只要把它减去 3,就能得出干支顺序数。此数的末位是天干数,把顺序数除以 12,忽略商数,只看余数,即为地支数。

现在来举个具体例子。试问 1937 年的干支纪年是什么？把 1937-3=1934,末位是 4,由于丁是天干的第 4 号,故知该年的天干为丁；再将 1934 用 12 去除,余数为 2,所以该年的地支为丑。两者一合并,即知 1937 年为丁丑年。那年的 7 月 7 日就是"卢沟桥事变"纪念日。

反之,已知干支纪年,也可以求出公元年份。不过,从数学上看,这是一个多值函数,每隔 60 年,就有一个答案。例如 20 世纪的辛酉年,有可能是中国共产党成立的 1921 年,也可能是 1981 年。

现在介绍一下推算办法。已知一个干支年,可以先求出它在"六十甲子"中的顺序数,顺序数的个位数相当于干支年的天干序数。再取天干序数减去地支序数以后,差数的一半为干支顺序数的十位数(如果差数得出负数,则应加上 12,使之变成小于 12 的正数)。

例如,求戊戌年所对应的公元年份。由于戊是天干中的第 5 号,戌为地支的第 11 号,而 5-11=-6,从而有 -6+12=6,6 ÷ 2=3,所以戊戌年在"六十甲子"中的排序是第 35 号,于是公元年份应为 35+3=38,而通解为 38+60n 年。如果该年在 20 世纪,则其唯一解为 1958 年。比它再早 60 年是 1898 年,即清朝"戊戌政变"的那一年。六君子被杀害,它在近代史上很有名。

还应该注意,在具体换算时,要看春节的日子。譬如说,拿 1984 年来说,2 月 2 日是"年初一",这时才算甲子年,而从 1984 年 1 月 1 日到 2 月 1 日,还是属于癸亥年的。所以上面的计算法只适用于一年中的大部分日子,大概是 $\frac{11}{12}$ 吧。如果要换算的公元日期是在 1 月份或 2 月份,那就要特别小心,以免搞错。

"天下第一"大算盘

中央电视台新闻联播节目中曾经播出过一则简讯说,天津某药厂仓库中发现了一只特大算盘,长近4米,共有137档,号称"算盘之王"。许多人得知后,喜形于色。

不过,有位老年读者在其后的《老年报》上撰文说,据他所知,天津这只算盘虽大,但还不能称王,只能名列第二。比它更胜一筹的"老大哥"在上海。

"算盘王"从何而来,它的主人是何方神圣?事情还得从北京同仁堂说起。创办于康熙四十一年(1702年)的北京同仁堂乐家老铺,是全国闻名的药店,名列中药店四大户之首。末代皇帝溥仪的宣统末年,辛亥革命爆发,清王朝统治岌岌可危,"窃国大盗"袁世凯虽然窃据总统宝座,但全国政治重心南移,许多北方籍人士纷纷南下到上海经商。乐氏后代乐达仁颇有眼光,也紧紧抓住了这一契机,前来上海图谋发展。

其时上海已有中药店将近百家,形成"本帮"与"广帮"两大阵营,各有特色,竞争非常激烈。尽管如此,但仍留下一定的发展空间。乐达仁携资南下,在上海英租界大马路(即今日之南京东路)山东路口选好店址,于民国二年(1913年)3月开张。"老上海"们都知道这家老店,直到20世纪90年代,才由于开辟南京路步行街而拆除。

店主乐达仁在取招牌时曾费过一点心思。由于他家祖上立下规矩:"同仁堂只此一家,并无分设",并向清朝官府"禀明在案",不得违犯。乐达仁脑筋一动,计上心来,他以自己的名字,取招牌为"达仁堂",并冠上"乐家老铺"的字样,以示自己确是乐氏嫡系。这一做法确实高明,族人虽不同意,在法律上无懈可击,别人也奈何他不得。药店开张之日,又在当时上海销路最广的《申报》头版刊登启事,以广招揽。这一招果然很灵,药店生意兴隆,门庭若市。

乐达仁的头脑很活,有一套经营手段。为了扩大影响,他定制了一只特大算盘,长达 4 米,共有 139 档,相当于普通算盘的十余倍(当时普通算盘约为 11 档或 13 档,后者居多,但 139 是个质数,它不能被 11 或 13 除尽),镶嵌在柜台上与台面处于同一平面。柜台很大,营业员不论站在什么位置做生意,都能顺手摸到算盘,使用起来十分方便。不仅如此,前来买药的顾客们也大为好奇,纷纷传播,不知不觉之间做了店家的义务宣传员。

1966 年"文革"开始,横扫一切"牛鬼蛇神",这只大算盘也被当成"四旧",从柜台上被撬了下来,挂在店门口"示众",几天过后不知下落。大家纷纷传说已被烧掉,人们无不为之惋惜。后来才知道被算盘大收藏家陈宝定老先生当作珍品收藏下来,虎口余生,幸免一劫。不过,当时的红卫兵何以竟会"大发慈悲",网开一面,实在不可思议。"算盘之王"怎么会落到陈宝定老先生之手,至今仍是一个谜。

至于新闻联播中所说的天津的大算盘,与上海的这一只确实是"亲兄弟"。所谓天津某药厂的前身其实就是天津达仁堂药店,它是乐达仁在上海开店后两年,又在天津闹市所开的同名药店。不过,这只大算盘只有 137 档(137 也是一个质数! 在数学上,137,139 称为"孪生素数",真是有趣的巧合),比上海的要少两档。

南北兄弟俩,在"文革"期间双双逃过劫难,作为珍贵文物传到后代,真是不容易啊。

整体式圆顶屋

地震、海啸、龙卷风、火山喷发……天灾太可怕了。无数生灵死于非命。这里面,由于房屋倒塌而压死的人占了很大比例,不能不引起各国政府、红十字会和慈善团体的重视。

2004 年夏秋之交,北美洲以及加勒比海诸国遭受了台风的强烈袭击,打头阵的"查理",跟进的"弗朗西斯"和"伊万",再接再厉的"珍妮"……至今令人记忆犹新,台风所过之处,损失惨重,屋倒人亡,数百万人被迫迁移,家破人亡,流离失所。

但是,海边的一些圆顶房屋却顽强地抗住了狂风暴雨的连番肆虐,安然无恙,依然昂首屹立着。保罗的家就是其中之一。

保罗以造化为师,从自然界获得灵感,模仿贝壳的形状建造了一幢与众不同的房子。这种建筑结构完全符合数学与物理原理,空气动力学用无声的语言向保罗提供保证,它一定能够抗御强烈的飓风。房子造好以后,周围邻居络绎不绝地前来参观,一时间风言风语,批评的多,赞成的少,因为它的式样与传统的风格太不一样了。如此离经叛道,不同凡俗,自然得不到众人的欣赏。

整座房子高达 10 米,共有 4 层,是一座"城堡"式的独立别墅,面积约 325 平方米,造好房子并完成内部装修,一共花费了大约 60 万美元,折算下来,每平方米的单价要比目前上海市中心城区(如静安区、卢湾区、长宁区、黄浦区与虹口区的北外滩等)商品房的售价还便宜得多呢。

当台风呼啸而来,保罗一家人所要做的仅仅是关闭门窗,等到一切重新风平浪静的时候,他们发现房子毫发无损,经受住了严峻的考验。

整体式圆顶房屋还能节约开支。它不会燃烧,不会腐朽,也不会被白蚁等害虫咬啮。它在节能方面尤其值得称道。据说,与同等规模的传统居室相比,其取暖、制冷系统可以省下一半以上的开销,因而对工作资历不深者,以及年轻的白领人士尤其具有吸引力。

好的信息等于是财富,在发达国家,"知识就是力量"不是一句停留在纸面上的空话。俄罗斯人闻风而动,他们国家的第一幢圆顶屋现已建成,坐落在首都莫斯科,房屋的主人名叫瑞可夫,屋子的直径为 10 米。

建造这类房屋,在技术上不存在任何问题,只要在经济上支持扶植,在不久的将来,是有可能大量涌现于世的。

走向数字城市

2006年，扬州获得了联合国颁发的"人居奖"，喜讯传来，长三角地区及江苏全省人民莫不感到鼓舞，这是对他们建设和谐社会过上小康日子的高度肯定。

扬州城的文化积淀十分厚重，号称"巷城"，确是名副其实。街巷纵横，数量特多，在旧城区大约有600多条，几乎每隔20米就有一条街巷。有的很长，几乎达1000米，例如旧城的仁丰里，新城的东关街、弯子街；有的则极短，仅有一二十米。古时的胡同或街巷一般都不宽，而扬州的小巷最窄的只有70厘米左右，因此常常被称为"一人巷，一人走路一人让"。

扬州的小巷蜿蜒曲折，寂静幽深，犹如迷宫，年代久远，随着近年人民生活的提高，又可处处看到翻建的新屋，巷内蕴藏着无数的历史与传说，几乎每条小巷的背后都有一个有趣的故事，足以使慕名而来的中外游客为之神往。

有人问一位久居扬州的饱学之士："什么是扬州的十荤十素？十南十北？十大十小？"他竟思索半天，答不上来。其实，这些巷子都很有名。这里不妨向大家列举一下"十大十小"！它们是指大井巷、小井巷，大双巷、小双巷，大草巷、小草巷，大灯笼巷、小灯笼巷，大总门巷、小总门巷，大流芳巷、小流芳巷，大羊肉巷、小羊肉巷，大可以巷、小可以巷，大武城巷、小武城巷，大十三弯、小十三弯。

扬州还有"一、二、三、四、五……"等数字地名，即一人巷，二郎庙巷，三义阁，四望亭，五亭桥等等，非但有趣，而且好记。地名中含有这么多的数字，有时会让人混淆，不易分清。当然扬州是个突出的例子，其他历史文化名城尽管程度上有些区别，但也大都有着类似的问题。解决之道，恐怕主要依靠"数字化城市"的信息管理系统。

现在大家对"数字电视"的提法，耳朵里听熟了，已经不足为奇，可是对"数字城市"似乎还觉得挺陌生的。实际上，我国的地名数据库建设即将全面启动，已有800多个县级市完成数据采集工作。地名数据库是将地名规范、地名规划、地名标志和数字地名合为一体的一项重大系统工程，与人们的生产、生活密不可分。它的完全实现，将使我国的城乡面貌发生巨大变化。

在未来岁月里，步行导向牌、触摸屏、电子地图等公共服务设施将更加健全，名巷的故事（如南京的"乌衣巷"、杭州的"孩儿巷"、胡雪岩故居所在的"元宝街"等等）也可随时查阅，这将使我国的旅游事业登上一个新的台阶。

金华火腿

金华火腿盛产于浙江金华、东阳、义乌、永康、兰溪等地。从前是总督、巡抚等地方大官孝敬皇上的"贡品"，一般士绅与富豪即使家财万贯，也不敢妄自享用。但后来松弛下来，逐渐开禁了。

金华火腿的腌制起源于南宋，据说是抗金名将宗泽率领大军北征，经过家乡义乌时，买了猪肉，请乡亲们腌制后带出去作为军中干粮之用。所以，从前在火腿店里一般都高悬着宗泽公的画像，顶礼膜拜，以保佑他们生意亨通，财源滚滚而来。

从前，商人们谈起金华火腿的生意，做交易，讲盘子，用的几乎全是暗语，外行人根本听不懂。例如，姓吕的客户称为"双口"，姓马的叫作"四腿儿"等等。

明、清易代之际，李闯王在山海关一片石战役中，受到了入关的清兵与吴三桂军队的"夹攻"，不幸一败涂地，然后清兵开始"穷追"，不久渡江，消灭了盘踞南京称帝的福王，打下了江山，但是极不牢固。反清复明的秘密组织如青、红帮，三合会等蠢蠢欲动。使用暗语为清廷所严禁，以防人民造反。但久而久之，搞清楚他们是在做生意，同"造反"根本沾不上边，也就放任不管了。

火腿商人记账、谈价钱、付款、拿回扣等要害环节，所用的数目字就更古怪了。按照规矩，一律要用"由中人工大、王主井羊非"来代替"一二三四五六七八九十"，真是妙不可言！

现在让我来解释一下，为什么"井"字可以代表8，看一看下面的图，你就会恍然大悟，原来，"井"字正好有8个出头呀！

除了火腿行业，当时的典当业对数字密语也深感兴趣，山西帮、潮州帮、徽州帮等"各唱各的调，各吹各的号"，他们的"行话"当然各行其是，不可能划一。

旧社会里其他各行业也都有其"行话"，如果搜集起来，必将大大地丰富密码学，而且肯定是一份极有价值的资料。

时空分布图

四川乐山、新疆克拉玛依与江苏如皋号称中国"三大长寿之乡"，其中如皋处于长江三角洲地区人口稠密的沿海平原，尤其难能可贵。

如皋长寿人多，并非始于今日，历史上就有不少例子，可以作为证明。众所周知，明末有"四大公子"，即商丘侯方域，桐城方以智，宜光陈贞慧与如皋冒辟疆，其中最长寿的又数冒先生，他活到了耄耋之年。冒老先生所处的那个时代恰逢明、清易代，战火蜂起，天下大乱，发生了许多大事：崇祯帝吊死煤山，吴三桂借清兵入关，李闯王败走九宫山，肃亲王射死张献忠……明亡之后，冒辟疆隐居不仕，屡次拒绝清朝官吏的举荐，宠辱不惊，以看白云往来，活到高龄，很不简单。一颗平常心，大概就是他得以长寿的秘诀吧。

据称，如皋寿星多的秘密现已初步揭开，主要是当地土壤所含的微量元素起了重要作用。硒能抗衰老,防癌变;锌能维持细胞膜稳定,参与酶的代谢,提高人体免疫功能……专家们认为,如皋长寿人群大多固定在原居住地生活,长期摄入这些有益的微量元素,大大增强了防疾病、抗衰老的能力。延年益寿,不亦宜乎!

从如皋的地理情况来看,百岁老人的人口比率总体上是自东向西,自北而南地逐渐递减的。90~100岁这个年龄段的人口分布也大致相仿。在其东北部,百岁以上人口约占总人口的百万分之二百二十二,而其西南则为百万分之九十四,在统计上存在着显著差异。

专家们又做了进一步研究,进行定量分析。他们选择了1000多个土壤采集点,发现其微量元素的分布特征与长寿人群的空间分布图十分吻合,而且极为相似。

作为应用数学的一个分支与流派,时空分布图突出了随机过程理论中的"时间"因素,因而要比孤立的、散点式的概率论更加精确,更具有说服力。它的浮出水面,已经在历史、考古、医药卫生、国际贸易等众多领域崭露头角,令人耳目一新。

生日年年过,做寿有讲究

中国人做寿,一般都以10岁作为一个阶梯。譬如说,50岁为"知命"之年,60岁叫"耳顺",70岁称为"古稀",80岁或90岁叫"耄(mào)耋(dié)",100岁则称为"期颐"。

日本的高龄老人为数甚多,他们的平均寿命在亚洲乃至全世界也是名列前茅的。这同他们的社会讲究环境保护,个人饮食清淡都大有关系。

不过日本人做起寿来,却不是用10作为台阶,而是另有一种巧妙的方法,就是以汉字为基础,加加减减,好像是在做简单的数学计算。

日本人把88岁称为"米寿"。原来"米"字是一个上下对称的汉字,把它拆卸成 3 个"零件",便是"八""十""八",当然上面的那个"八"是要颠倒过来看的。

99 岁自然更为隆重,日本人称为"白寿"。去掉百岁的"百"字最上面的一笔,就变成了"白"。由此可见,他们是做了一个减法,即:

$$100-1=99$$

已故全国政协副主席、中国佛教协会会长、著名诗人、大书法家赵朴初先生曾经到过日本京都府,访问清水寺 108 岁的大西良庆长老,写了一首 17 字的俳句:

茶话义欣同,深感多情百八翁,

一席坐春风。

这位长老当时是 108 岁高龄,日本人称为"茶寿"。原来,"茶"字的部首"艹",代表 20;下面可拆成"八""十""八",代表 88,把它们加起来正好是

$$20+88=108$$

我国近代文学家郁达夫、丰子恺、郭沫若等人都是日本留学生,他们都知道这些典故。

老画家的年龄

近代的许多大画家都得享高龄,尤其是新中国成立以后,例如齐白石、黄宾虹、刘海粟与谢稚柳,享年与百岁相差无几。

在他们的"讣告"中,往往说成是"寿登期颐",活到了 100 岁,圆了人生之大梦,画上了完满的句号。但这种说法,又常常经不起推敲,于是画家的真实年龄便成了一个"谜"。

由于我母亲原籍常州,上代有世交之谊,我有幸参加了一位大画家隆重的追悼仪式。他们所发的"讣告"上倒也说了大实话,说是老先生虽然年

登百岁,但却是"积闰"而得。许多人不懂"积闰",不知道它究竟是怎么一回事。

原来,从前的人过生日或计算岁数,都是按照农历的,农历俗称"阴历",又叫"夏历",实行以来已有几千年之久。我们知道,地球绕日一周需要365.2422天,而朔望月的长度是29.5306天,因此,一年中应该有12.37个朔望月,这个尾数0.37有点尴尬,不大不小,又不能忽略。古代的天文历算家把0.37用连分数展开法,把它用渐近分数表达出来,即可得出:

$$\frac{1}{2},\frac{1}{3},\frac{3}{8},\frac{7}{19},\frac{10}{27},\frac{37}{100},\cdots$$

从而定下了"十九年七闰"的规矩。

于是,不难通过简单的乘法和除法来估算闰月的积累效果。

例如有位画家活了95岁,由于95÷19=5,而5×7=35,积累下来的35个闰月,只差1个月就满3年了。于是这位老画家在世的亲人就可以宣称他活到98岁了。

年龄的精确计算

德国大数学家高斯被人尊为"数学王子",他喜欢写日记,经常把发生在身边的有意义的事情记录下来,而且用他自己的独特方式给这个日子搞一个数字命名。

譬如说,1799 年 7 月 16 日,高斯通过了博士论文答辩,他把这一个值得纪念的日子记作"8113",即距离他的出生日 8113 天。

平时,人们看到抱在怀中的婴儿时,总是喜欢问:"小宝宝真好玩,几个月了?"人一长大,反而觉得无所谓了,以致书刊上名人年龄的差错比比皆是,纠不胜纠。但是科学的进步,刑事、民事、法律、公证等方面则又往往需要精确地算出人的年龄,而不只是笼统地回答一下几岁。

日本东京大学的应用数学专家岩堀长庆先生是世界著名学者,精擅天文历算之术,他曾发明过一个十分简单有效的公式,只要知道时间轴上的上、下两点,就可以准确地算出某人在世上已经生活了多少天。

遗憾的是,他的这个公式仅仅适用于已经过去了的 20 世纪。好在我给它设置了浮动下限(即本文写作时间,其时为 2006 年 5 月 7 日)后,公式又可以"起死回生"了。

该公式如下:

$$N=38874-\left[\frac{1461 \times y}{4}\right]-\left[\frac{153 \times m-7}{5}\right]-d+1$$

公式中的 y、m、d 取自于某人的出生日,即 19y 年 m 月 d 日(这三个字母是 year,month,day 的缩略,学过一点简单英语的人一望而知,易学易记),但要注意,m 的取值范围由不等式限定为

$$3 \leqslant m \leqslant 14$$

这就是说,1 月与 2 月应看作上一年的 13 月与 14 月。记号 [ ] 的意思

不同于"四舍五入"，而是只取整数，例如：

$$[13.56]=13，不是 14。$$

现在举个实际例子来说明公式的用法。

例，某人生于公元 1926 年 10 月 1 日，到 2006 年 5 月 7 日，他的精确年龄是多少呢？

用 $y=26, m=10, d=1$ 代入公式，即得：

$$N=38874-\left[\frac{1461 \times 26}{4}\right]-\left[\frac{153 \times 10-7}{5}\right]-1+1$$

$$=38874-\left[\frac{37986}{4}\right]-\left[\frac{1523}{5}\right]$$

$$=38874-[9496.5]-[304.6]$$

$$=38874-9496-304$$

$$=29074（天）。$$

黑色星期五

在很多西方人看来，如果某个月的 13 日是星期五，那就很不吉利，称之为"黑色星期五"。西方人编写的数学书里头，经常提到"黑色星期五"。根据宗教传说，耶稣基督被叛徒犹大出卖，吃那顿最后的晚餐时，正好有 13 人在座。另外，据称历史上确曾有过惊心动魄的一天，某年某月的 13 日正逢星期五，那天股市一泻千里，发生了"大崩盘"，后果是接连数年萎靡不振，奄奄一息的"熊市"，使许多炒股大户倾家荡产，至今人们还心有余悸。

有人曾撰文谈论闰年里头的"黑色星期五"。根据现行历法，每四年才有一个闰年。因此，更常见的是平年，自然也应该说一下平年中"黑色星期五"的情况。

按照一般习惯，把星期日视为一周的首日，于是可以将星期日到星期六连续七天依次记为 0,1,2,3,4,5,6,称为"周日数"。如果假定某个平年的 1 月 13 日是星期日(周日数为 0),则可相应地算出其他各个月 13 日的周日数,见下面的表格:

1月	2月	3月	4月	5月	6月	7月	8月	9月	10月	11月	12月
0	3	3	6	1	4	6	2	5	0	3	5

从表中可以看到,所有的"周日数"都出现了,只是出现的次数不同,0 出现 2 次;1 出现 1 次;2 出现 1 次;3 出现 3 次;4 出现 1 次;5 出现 2 次;6 出现 2 次。

平年有 365 天,相当于 52 个星期加 1 天,如果今年 1 月 13 日的"周日数"为 0,而明年仍是平年的话,那么,明年 1 月 13 日的"周日数"便是 1。一旦"周日数"为 5,那便是"黑色星期五"了。

对于平年来说,一年中至多出现三个"黑色星期五",不可能出现四个。(想一想:这是为什么?)如果某个平年出现三个"黑色星期五"的话,那么,它们必定出现在 2 月、3 月与 11 月。

闰年的情况其实也是大同小异,只需对上表略做修改,这种作业,人人都会做,不值得大惊小怪。无论是闰年还是平年,每年都至少会出现一个"黑色星期五",这种事情并不稀罕。

说穿了,"黑色星期五"只是个洋迷信而已,人们根本不必为之发愁。

请慎用数字

数字本来是最客观、最公正、最严肃、最朴实无华的,但在现实生活中,有些心术不正的人,把数字当作牟取私利的工具,演出了一幕幕活剧。

正因为如此,有一位英国统计学家曾痛心疾首地说:"数字不会撒谎,但撒谎者会利用数字。"

我们常常看到，一些广告商利用统计数字把某种商品吹得神乎其神。例如，一则牙膏广告说："八个牙科医生中就有七个使用这种牙膏。"又有一个广告吹嘘某种药可在数分钟内杀死数百万个细菌，但究竟杀的是哪一种细菌则秘不告人，使你蒙在鼓里。我们知道，日光也能在数分钟内杀死细菌，因此，日光也许是比这种药更有效的杀菌剂呢！

还有一种生发水广告自称对各种类型的秃顶治愈率在95%以上，但是令人大惑不解的是，像苏联总统戈尔巴乔夫及前法国总统密特朗等许多达官贵人都是秃顶，更勿论一般老百姓了。

举目看市场，标着"大削价""跳楼价""全市最低价"的商品确实不少。其实，上面所写的"原价"往往是炮制出来的，使你因削价幅度之高而动心，不知不觉地上了钩。自然这种行径是"造作"数字来进行欺诈。

有的人也许并不是存心欺骗，但在抽取统计样本时采用了不适当的方法而得出了错误结论。

1936年，美国有一家杂志预言，戈维纳·兰登将会登上美国总统的宝座，但结果恰恰相反，他的对手富兰克林·罗斯福获胜了。这家杂志的错误出在什么地方呢？它的结论是根据民意测验得出的，而参加这次民意测验的人是从电话簿上随机抽样的，所使用的办法好像很"科学"，全然"无懈可击"。但是，1936那一年，正值美国经济"大萧条"期间，整个社会被阴影笼罩，失业率剧增，一般人民的日子很不好过，只是有钱人才能拥有一部电话机，所以这次民意测验所依据的"样本"只是拥有电话机的有钱人的代表，而不是全体有选举权的人的代表，问题的症结就在这里。

数字可以帮助人们进行科学研究、管理和决策，但如果使用时违背科学和道德，那就会对社会文明产生消极影响。在进行统计时，如果用的方法不恰当，所得出的结论也是不能相信的。

人们啊，请慎用数字！

起名字的学问

赵、钱、孙、李、周、吴、郑、王……是赫赫有名的大姓,你可曾听到过姓"元"的? 这个姓太冷门,反正在姓氏的前一百名之内是排不上的。据可靠资料显示,全国姓"元"名"旦"的人总数有 618 个,正好和黄金分割比 0.618 的有效数字相同,也算是一种巧合。

在我国 618 个姓"元"名"旦"的人中,其中 284 人户籍在西藏,146 人在青海,84 人在内蒙古,54 人在四川,这四个地方的总人数为 568 人,占了大多数,其余的人则住得比较分散。

另一方面,名字叫"元旦",但并不姓"元"的人则为数更多,有 5659 人。一年 365 天,天天有人出生,在元旦那一天出生的中国人,则有 5547124 人,把它除以 13 亿人口,约占 0.00426,要略高于 $\frac{1}{365} \approx 0.00274$。

查遍中国历史,没有一位名人是姓"元"名"旦"的。在姓"元"的名人中,大家比较熟悉的有两位,其中的一位是白居易的好朋友元稹,字徽之,唐代河南人,著有《会真记》,一般认为是《西厢记》的前身。另一位是金末元初的大诗人元好问,是并州人士,即目前山西太原一带。

为什么姓"元"的人大多分布在中国西部地区,而中南部及东南沿海很少有此姓呢? 这是有历史原因的。在中国历史上的南北朝时期,北魏王朝的一位皇帝孝文帝(467—499)把首都从平城(今山西省大同市)迁到洛阳时,把自己的姓从"拓跋"改姓为"元"。因此,"元"这个姓曾经一度很了不起,像"爱新觉罗"一样,是皇家的姓。到了唐朝,陕西关中地区仍有不少姓"元"的官吏和富商,其中有一位名人元载,曾做到天下元帅行军司马,当过宰相,其人就是北魏皇室的后代子孙。不过在北齐、北周的改朝换代之际,皇家子孙被篡位者大肆杀戮,死于非命者不少。

调整法定假日之后,今后取名为"清明""端午""中秋""重阳"……的人势必会大大增加。历史上确实曾出过一位名叫"重阳"的名人,他就是王重阳(1112—1170年),陕西咸阳人,在终南山一带修道,后被人们尊为道教的一位"祖师",元世祖忽必烈为了笼络人心,把他封为"全真开化真君"。

总的说来,重复取名毕竟不是一桩好事,对己对人都是弊大于利,会造成户籍管理的许多困难。姓刘的人是否一定要取名刘邦、刘备或刘彻(即汉武帝,但他的知名度远远低于刘备,一般人不大知晓他的名字),姓项的人是否一定要取名项羽?虽然法律上并没有明文规定,如果你真的想取,新生儿也许能报上户口,但这种做法肯定是不明智的,对己对人都没有好处。

有位哲学家提到了他自己的人生感悟:生命就是属于自己的一份田地,好好耕耘,必有收获。要想通过取个好名字来走捷径,或者赶时髦,迎合潮流,恐怕是"此路不通"吧!

弄错一个字,多生十万娃

搞数学的人非常重视"集合"概念,黑白分明,丝毫不能混淆。7、19、1001、$\frac{7}{8}$……都是有理数,而$\sqrt{2}$、π……却是无理数,谁要是搞错了,那他在数学上就是"不及格"的。

农历2007年的干支是"丁亥",按照"五行"学说,"南方丙丁火","西方庚辛金",农历2007年应该是"火猪年"。然而,不知出于什么目的,有人硬是把它说成"金猪年"。

在信息社会中,新闻传媒的无形力量是惊人的,"火猪"成了"金猪",迎合了社会上许多连做梦都在想发财的人的思想。于是,许多年轻夫妇要在"金猪年"里生一个"金猪宝宝",使2007年形成了一个洪水般涌来的生育高峰。许多报纸上登出了类似"金猪宝宝扎堆生,医院孕妇人满为患"的报道。某市人口与计划生育工作部门在年初曾经预估,该市在2007年将有137000多名新生儿出世。

一对夫妇只能生一个孩子曾经是中国的国策,但究竟什么时候生,法律条文是不可能做出烦琐与细致规定的,不但现在没有规定,而且将来也很难做出规定。扎堆生育"金猪宝宝",将给这些宝宝以后上学读书、就业等带来不少问题。

按照"五行"学说,真正的"金猪年"应该是"辛亥"年。在近代史上,1911年是"辛亥"年,那一年发生了武昌起义,推翻了腐败的清王朝。60年后的1971年也是"辛亥"年,那时正值"文革"大动乱,林彪叛逃,他所乘坐的"三叉戟"飞机坠毁,摔死在蒙古境内的温都尔汗。这两个"金猪"年,中国大地上一般老百姓的生活都很不好过,并未形成什么生育高峰。现在倒好,"火猪"冒充"金猪",居然唱起大戏来了!

孔夫子说:"名不正则言不顺"。尽管为时已晚,但我们仍然必须切实纠正错误的"金猪年"说法,给生"金猪宝宝"的热潮降降温。

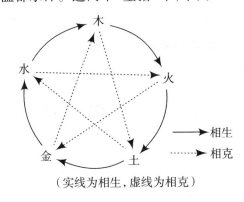

(实线为相生,虚线为相克)

一张牛皮的故事

从前,希腊流传着一个故事,古代腓尼基城有一位聪明、美丽的公主,名叫狄多(Dido),因为反对父母包办,争取婚姻自主而私奔离家,跑到北非的地中海沿岸去定居。为了谋生,她想购买一些土地从事耕种、畜牧,于是就去和当地的酋长打交道。

公主拿出许多金银财宝和珍珠首饰向当地酋长买地，酋长见钱眼开，欣然同意。可是，这家伙十分贪得无厌，既想大大捞一票，又不愿给公主很多土地，于是他拿出一张牛皮给公主，郑重其事地假充大方，说道："你可以用这张牛皮来圈地，无论用什么办法，圈出来的土地都算你的。"

公主的侍从们听了都很气愤，认为这桩交易太吃亏，酋长未免欺人太甚，公主上了他的大当。可是狄多却胸有成竹，二话都没说，双方一言为定，就此拍板成交。

精明的狄多回到家里，就把这张牛皮切开，小心翼翼地切成一条条极细极细的小长条，比起头发丝也粗不了多少，然后把每一根小长条的头和尾连接起来，成为一条其长无比的牛皮绳子。她选的土地全是背靠大海（地中海）的，海岸线就是天然的边界，这一面就用不着圈了。接着，她把牛皮绳子尽量弯曲成圆的形状，用它来圈地。通过这种办法，着实搞到了一块面积相当可观的土地。酋长虽然感到很心痛，但因为有话在先，也就不能赖账。

以上就是数学里头有名的"等周问题"的传说，那块土地，后来逐步发展成了古代有名城市迦太基。它和罗马帝国打过三次大仗，还出了古代史上赫赫有名的大英雄汉尼拔。

巧取墨宝

如果你到江西南昌滕王阁去旅游观光，就会看到滕王阁的最高处是集苏东坡行书"滕王阁"的三字匾额，下面是集唐代褚遂良的楷书"东引瓯越"，行书"江山入座"和狂草"瑰伟绝特"横匾。

"集字"是古今通行的一种手法，下面讲的就是一个关于集字的有趣故事。

于右任是陕西三原人氏，早年追随孙中山先生参加国民革命，推翻腐朽的清王朝。北伐胜利之后，曾出任国民党政府监察院院长，弹劾贪官污吏,做过不少好事。于右任是近代著名的大书法家,尤其擅长草书。20 世纪 30 年代,南京城里要数他的书法名气最大,各方人士来求他的墨宝者络绎不绝,于先生也乐此不疲,有求必应。而且他并不计较"润金"的多少,更为人们所称道。

有一天,于右任为了一桩公事同蒋介石发生了小摩擦,心情不佳。这时偏偏来了个不识相、不看风云气色的求书人。于右任一怒之下,提笔写下了"不可随处小便"六字条幅。求字者一看啼笑皆非,但又不敢得罪院长大人,便向于右任道了谢。回到家里,此人马上把这条幅丢进了垃圾桶。

说来也真凑巧,后来这条幅被拾荒人拿去,辗转易手,落到了一位颇有眼光的裱画者之手。他看了条幅上的字以及于右任的亲笔落款,不禁喜出望外,便小心翼翼地将这六个字重新裁开,精心裱成"小处不可随便"的立轴,悬挂在客厅里。宾客们看到之后,无不称赞它充满哲理,是新式格言的书法精品,可与郑板桥的"难得糊涂"相媲美。

看来这位裱画人很有点数学头脑,他通过排列组合,重组汉语句子,人弃我取,从垃圾中提炼出了珍宝。

我们知道,6 个汉字的排列共有 $6 \times 5 \times 4 \times 3 \times 2 \times 1 = 720$(种)之多,这不是一个很小的数目。然而,有些排列是根本读不通的,例如"随小可不处便",一看就可扬弃,所以实际筛选工作量并不是很大。尤其是对于那些明眼人,更是不难从中发掘出价值。

"化腐朽为神奇",数学确是有此功效!

二 百 五

二百五,可不是一个好数字,民间常用它代指傻瓜、笨蛋。说起它的来历,还有一段故事哩!

战国时期,有个历史人物名叫苏秦,是个能言善辩的说客,依仗他的三寸不烂之舌,说服了韩、赵、魏、齐、燕、楚六国联合起来,结成政治、军事同盟来对付强大的、位居西方的"虎狼之国"——秦国,从而受到了六国君王的赏识。

正当苏秦在齐国积极效力时,突然遇到了刺客。苏秦腹部中剑,抢救无效,当天夜里就死了。齐王闻讯大怒,立即下令捉拿凶手。可是,刺客早已逃得无影无踪,又到哪里去捉呢?

齐王灵机一动,想出了"引蛇出洞"的妙计。他突然翻起脸来,下令把苏秦戮尸"斩首",砍下了他的脑袋,把血淋淋的头悬挂在城门口,还张贴了黄榜,上面写道:"苏秦乃是内奸,死有余辜(gū)。今幸有义士为民除害,真是大快人心。现在大王有旨重赏,奖励黄金千两,请义士快来领奖!"

榜文一出,果然有人上了钩。竟有四人前来领取赏金,而且异口同声地一口咬定:苏秦乃是自己所杀。

官员们不敢怠慢,把这四人"请"去见齐王。齐王假惺惺地发问:"你们看,这一千两黄金怎么个分法?"

四人回答得倒也干脆:"每人二百五"。原来,他们很会做乘法:

$$250 × 4=1000$$

$$或 1000 ÷ 4=250$$

齐王听罢,拍案大怒,"把这四个'二百五'推出去斩了!"于是,四个傻帽儿一命呜呼,便留下了"二百五"的故事。

还有一种说法则是:在中国古代,一封银子为500两,250两银子相当于半封。由于"半疯"是"半封"的谐音,声音听上去差不多。久而久之,"二百五"(半疯)就成了莽撞、无礼、粗鲁、笨头笨脑的代名词。

两种解释,究竟哪一种更接近实际呢?

南辕北辙

"南辕北辙"是一句很有名的成语,来自古书《战国策》。据说从前有一个人,要从中原地方(黄河流域)到楚国去。楚国明明是在河南开封(当时魏国的京城大梁)的南方,但这个人脑筋有毛病,却驾着马车朝北走。可以断定:他的马越好,马夫赶马的本领越大,由于弄错了方向,离楚国反而越来越远了。

这个成语启示我们:做事情必须要有正确的方向,要走捷径,不要走弯路。

人人都知道,加法与减法的作用完全相反,好比走路,一个朝南,一个朝北;一个上天,一个入地;乘法与除法也与此类似。

然而,有一桩怪事发生了:小张手头有一个算式

$$△ ÷ ○ + □ = ☆$$

他把适当的数目填进去以后,算出了一个答数。算法是非常简单的,全班小朋友人人会做。

真是"无巧不成书",偏偏小李也碰到了一个算式,从整体上看来,模样儿同小张的算式倒也大同小异,原来,她的式子竟是:

$$△ × ○ - □ = ☆$$

仔细比较一下,你兴许就会大叫起来:"这不是百分之百的南辕北辙吗?从同一个地方出发,方向完全相反,简直是'背道而驰',难道会得出相同的结果吗?"

然而,令人惊讶的是,两个答数真是能够相等的。

现在请你把四个特殊的数(还是连续数呢!)填在△,○,□,☆四个地方,由于数字选得特别简单,当然不必费劲,就可求出:

$$△=4, ○=2, □=3, ☆=5$$

数学,你真是多么奇妙而可爱的科学啊!

让成语与数学挂钩

含有数字的成语是中国语言文字宝库中的一大奇观,小朋友们在课外活动中也非常愿意做数字成语填空游戏。

下面的填空题却是别具一格,成语填空成了算式的垫脚石了:

仙	马	亲	头	死	方	手	霄	海
过	当	不	六	一	支	八	云	为
海	先	认	臂	生	援	脚	外	家

小朋友们肯定会说,这不难!首先应把成语填对,按照先后顺序,应填进去的成语和俗语的首字为:

八,一,六;三,九,八;七,九,四。

所反映的等式是:

816+398+794=2008

做了这个题目之后,或许你们觉得还不过瘾,那就不妨请大家再做一个:

下面每两个括号中隐藏的字都可以组成一个数学名词,请读者们试一试,填一填:

前面9个小题,要填入的字都是成语或俗谚中的首字:

1.(　　)心斗角,(　　)肱之臣;

2.(　　)面俱到,(　　)重难返;

3.(　　)犬相闻,(　　)死狐悲;

4.(　　)牛弹琴,(　　)以千计;

5.(　　)展疆域,(　　)朔迷离;

6.(　　)多益善,(　　)气大伤;

7.(　　)比皆是,(　　)行公事;

8.(　　)退两难,(　　)高权重;

9.(　　)化多端,(　　)巢鸾凤。

答案如下:

勾股,面积,鸡兔,对数,拓扑(拓扑学是数学的一个分支,内容非常深奥,它是从"Topology"译过来的),多元,比例,进位,变换。

后面11个小题则所填的字一前一后,互相呼应:

10.出将入(　　),(　　)而下之;

11.一窍不(　　),(　　)秒必争;

12.举足轻(　　),(　　)安理得;

13.唯利是(　　),(　　)影不离;

14.风雨交(　　),(　　)网难逃;

15.针锋相(　　),(　　)心如意;

16.金鸡独(　　),(　　)兴未艾;

17.花好月(　　),(　　)心相印;

18.意气相(　　),(　　)影绰绰;

19.千秋万(　　),(　　)木三分;

20.不求甚(　　),(　　)思广益。

答案如下:

相等,通分,重心,图形,加法,对称,立方,圆心,投影,代入,解集。

中国古代有一种玩意儿,名叫"诗神",号称"民国四大公子"之一的北京收藏家、大名士张伯驹先生就是其中的一位行家里手,现在把它的玩法略做改变,所填的字,可以参差不齐,犬牙相错,现举数例如下,大家也不妨来试一试:

21.(　　)死一生,寻(　　)摘句;

22.(　　)志难忘,车载斗(　　);

23.见(　　)知著,(　　)进合击;

24.规行(　　)步,故布疑(　　);

25.四(　　)八稳,(　　)山倒海。

答案如下:

九章,矢量,微分,矩阵,平移

一共拼凑了25个小题,应该刹车了。

赤壁之战发生在哪年

厦门大学教授易中天,现在称得上是重量级的"中国名人"了。他的一本书《品三国》,2006年在畅销书排行榜上高居前列,老、中、青三代人都在捧读,其中当然也包括小学的中、高年级学生。

三国人物有刘、关、张、诸葛亮、曹操、孙权,头绪纷繁。其中"赤壁之战"无疑是至关重要的。从前唱京戏,就有群英会、借东风、华容道等连台本戏,沸沸扬扬,热闹非凡。

现在要问:赤壁之战,发生在公元哪一年?但不准去查万年历或历史教科书。

不妨给一点提示:这个年份嘛,三三数之余一,五五数之余三,七七数之余五。余数正好是1,3,5,真是"无巧不成书"了。

于是想起了赫赫有名的"韩信点兵"问题,它不但历史悠久,而且还有许多有趣的别名,例如"隔墙算"、"鬼谷算"或者"大衍求一术"等等。为了方便计算,明代数学家程大位还编了歌诀,记录在他的名著《算法统宗》里:

> 三人同行七十稀,
>
> 五树梅花廿一枝,
>
> 七子团圆正半月,
>
> 除百零五便可知。

解法如下：把"三除"所得的余数乘以70，"五除"所得的余数乘以21，"七除"所得的余数乘以15，然后统统相加起来，如果答数大于105，则要不断减去105的倍数，直到最后的答案小于105为止。

实际应用时，当然还得看具体情况，不能墨守成规，丝毫不变。因为韩信所带之兵，可多可少。对本题来说，所求的年份 x 为：

$$x=1 \times 70+3 \times 21+5 \times 15$$

$$=70+63+75$$

$$=208$$

这个答数要不要减105呢？自然要看各朝代的大框框。公元220年到280年是中国历史上的三国时代，而惊心动魄的赤壁之战发生在东汉末年，三国尚未正式成形之时，所以上面算出来的公元208年就已经是正确答案，不必修正了。那一年，就是汉献帝刘协的建安十三年。

如果有人进一步再追问，那年出生的人属什么生肖？这就要看农历的干支了。

由于今年正好是2008年，而

$$2008-208=1800$$

差数1800正好是60的30倍，所以赤壁之战那年的干支，恰巧同今年完全一样，也是戊子年！

"韩信点兵"是一道具有持久魅力的千古名题，现在结合新闻热点，加以灵活运用，把数学知识同历史知识结合起来，或者是一个可喜的尝试吧。

汉字中的多倍体

有人曾经统计过，在全部汉字中，笔画特别简单的独体字，如刀、之、也、乙、中等，仅占总数的7%左右，其他绝大多数汉字都是由一些"零部件"组装起来的，这些"零部件"，就是我们通常所说的"部首"与"偏旁"。

两个"零部件"完全相同的字，便组成了"两倍体"，例如圭、炎、林、吕等。那么，有没有三个"零部件"完全一样的汉字呢？

答案是肯定的。不仅如此，这三个零件的组织方式也必须遵循一个确定不变的模式——鼎足式，例如鑫、森、淼、焱、垚……还有晶、众、品等，有些三倍体汉字则在繁体改为简体时形式上有了一些变化，例如"聶"的简体字是"聂"。

三倍体汉字中最简单的是"∴"。讲到这个字，大家可能不信，它明明是数学符号，意思是"所以"，哪里是汉字？其实，这个字源于《涅槃经》，在《康熙字典》里可以查到。

有没有四倍体汉字呢？国学大师章太炎先生有一个女儿，名字叫㠭（是"展"的古体）。四倍体中最突出的一个字是"䨻"，一个字就有 13 × 4=52 画之多，它是《康熙字典》笔画最多的字，也是整个汉字体系中笔画最多的字！

至于五倍体及五倍体以上的汉字，那就没有了。

汉字幻方

前几年我应邀到日本去开会，发现东京、大阪、京都、名古屋、仙台等大中城市，仍在使用大量汉字。即使在未来的后工业化——信息社会，汉字似乎也不会淘汰。日本各界人士对汉字的兴趣与日俱增，《孙子兵法》《三国演义》《菜根谭》等书在日本都有不少读者。另外有一些源于日本的汉字词组如"便当"、"料理"等在中国也非常流行，即使不懂日文的人也一目了然。

汉学家兼趣味数学专家片桐善直先生以其独有的幽默感设计了一个汉字"初"的幻方。

让我们先把"初"字的笔画勾描出来（图 1），可以看出，它正好由 15 个端点和交叉点组建而成。

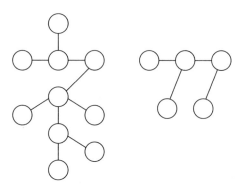

图 1

请在每一点上填入 1 到 15 的十五个连续数中的一个，要求图中构成横、竖、撇、捺等每个笔画的几个数目之和都等于一个常数。

这个问题的答案见图 2，幻方常数为 21。以前人们所讲的幻方，总是指有规则的几何形体，如正方形、正八边形、立方体等。现在把幻方推广到汉字，真是令人大开眼界。事情虽小，却反映出了片桐先生的创意。

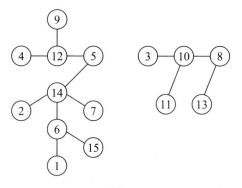

图 2

《康熙字典》里收录了 4 万多个汉字，未必每个汉字都能造出幻方，但其中肯定有许多神奇莫测的东西，这是一片尚未开垦的处女地。

五彩幻方图案

在应用数学的广阔领域中，军事、航空航天、密码的编制与破译等显示了"硬"的一手,而图案应用则属于"软"的方面。

现在常见的方格图案,基本上都是单一的、棋盘式样的双色图案,这样的图案由来已久,式样已经非常古老了。

近来有一篇新闻报道说,图案设计方面也在不断推陈出新。五彩幻方图案,就是运用了数学上幻方排列组合的原理而设计出来的。可以说,实质上也是一种数学模型,并可以在整个平面上循环往复地无限伸展出去。

五彩幻方图案的特点是,不论以任何一点为中心,纵横交错或倾斜的方向,都是不同的五种单元图像与颜色,不重不漏,全部覆盖。从而体现了整体上的均匀与和谐,充满美学情趣。

五彩幻方图案的应用范围相当广泛,可用于商店橱窗、展览会所、超市、大卖场、车站、画廊、人烟稠密的公共场所。凡是地砖、墙纸、窗帘、床单、花布、服饰、童装、灯饰、玩具、包装材料等,几乎统统可以用得上。

这篇新闻报道很长,洋洋数千字,啰唆了半天,就是不肯把五彩幻方图案和盘托出,公之于众。这就有点令人遗憾了。

其实,说破了很简单,设计时只要应用"拉丁方"就行,比真正的五阶幻方容易得多。用五种颜色即可吸引眼球,不需要幻方的各行、各列与各对角线上的各数之和统统都等于幻方常数。

下面让我们把五彩幻方图案画出来,当然具体的方案很多,远远不止一种。

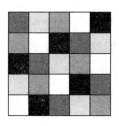

有人不喜欢大红大绿,认为很土气。因而在色彩方面,也可以根据不同消费者的层次,选用群众所喜爱的暖色调或冷色调,力求最大限度地满足消费者的审美要求。

汉 唐 盛 世

在收视率极高的电视节目《李敖有话说》开播之前,都会例行公事般地说上这么一段话:

"他读历史,只愿意做唐朝人……他认为,左传比春秋高明……"(此档节目现在已经停播——作者注)常言道:"汉唐盛世。"海外许多大城市都有"唐人街",大家都熟悉的七巧板又叫"唐图",工艺品有"唐三彩",流行服饰有"唐装"……凡此种种,足以说明唐代的文韬武略及其灿烂文明在后人心目中的地位和影响。

为了庆祝当代数学科普大师马丁·加德纳先生九十大寿,美国佐治亚州首府亚特兰大市召开了隆重的世界趣味数学大会。该州别名"南方帝国州",州鸟为棕色长尾鸟,州花是查拉几玫瑰花。这是一个热情、好客的地方,确实能够很好地体现该州的箴言:"智慧、公平、温和。"

会议正式开始之前,已有许多专家提前到达。星期三的晚上,召开了一个小型的预备会议,有位专家兴之所至,作了即兴发言,给到会的人来了一个"当头一棒",出了一道有趣的小问题:

"Today is a very special day, 2000-2-2, Which consists only of even digits. Which day, the most recent in past, was such?"

原文很简单易懂,我们这本书的读者们大概都能理解其意思:

"今天是 2000 年 2 月 2 日,一个非常特殊的好日子。请看,所有的数字都是偶数。现在要问你:与它靠得最近的过去哪一天,也有类似的性质?"

在场的专家们一看,这还不简单,都争先恐后地抢着回答,但遗憾的是,他们的"抢答"中,十之八九是错的。因为,所谓的与它靠得最近的历史上的某一天,实际上距离得相当遥远,间隔竟在千年以上呢。

正确答案居然是：公元 888 年 8 月 28 日，其中的数字组成了一个六位数 888828，全部由偶数构成。

公元 888 年已属唐朝后期，其时，藩镇割据，天下大乱，王朝已经日落西山，气息奄奄。该年正好是僖宗逝世，其弟（昭宗）即位。出题人大概是深受唐朝文化的影响吧！

本题的有趣，还在于它是打着一个"小埋伏"的。好多人都误答为：公元 888 年 8 月 8 日，可见惯性思维的潜势力。一不小心，连专家也会上当受骗的。

九九消寒图

从前，在北京、南京以及西安、太原、济南、杭州、苏州等通都大邑，人们都喜欢自制"九九消寒图"。在每年"冬至"那一天（公历 12 月 21 日或 22 日，农历日期则不固定，要查看该年的"老皇历"），用九宫格写 9 个字："庭前垂柳珍重待春風"，每格写一字，每字都是九画（"风"字要写成繁体字"風"，如果写作简体字的"风"，就不是九画，而只有四画了）。过一天就钩去一画。考究的书香人家还用颜色，晴涂红，阴涂蓝，雨涂绿，风涂黄，雪涂铅粉。九九八十一天过完，冬去春来，全幅"九九消寒图"看上去真是五颜六色，美不胜收。有人概括成一句话："日焕五色成文章。"

不仅如此，这个古典文化游戏还兼有气象统计的作用。整个冬季有多少好天，有多少阴、雨、风、雪都可以一目了然。如果每年都能坚持，那就成了该地区非常可贵的第一手气象资料。

用颜色涂抹比较麻烦，事情一忙就忘了填色，所以，还有一种更加简便的办法：用笔帽子打圈。其歌诀是：

"上打阴来下打晴，左风右雨雪当中"

打圈的办法在中国古代是很普遍的,用此种办法也一样可以记录实际气象,并完成统计任务。

我国著名学者、科普大师、气象专家竺可桢先生认为,"九九消寒图"是一种可贵的民族文化遗产,应该加以扶持,不能让它自行消亡。

在旧式的书香人家,一些涂色、打圈的事情往往还让孩子们来做。久而久之,潜移默化,"乘法九九表"不知不觉就掌握了,以致明、清时期住在北京的外国传教士们都很羡慕,认为孩子们很早就能做乘法,几乎是"无师自通"的。另外,随着天气的逐渐转暖,诸如"七九河开,八九雁来……"等天气歌谣,也都朗朗上口,随时随地都能背诵出来。

在《康熙字典》里收录了4万多个汉字,少的只有一画,多的则有几十画。这是一个十分庞大的统计母体,九画的汉字虽然不算名列第一,但也为数众多,全部列举出来洋洋洒洒,名单很长,从中选出九个合适的汉字组成优美的句子,这件事情做起来也并不轻松。

YYYY 年

2000年,在美国东南部的佐治亚州首府亚特兰大市召开了世界趣味数学大会,以纪念当代数学科普大师马丁·加德纳先生创作生涯70年。

许多人认为,2000年应该算是人类新千年(2000—2999)的第一年。这不,四位数的首数必须从1改为2了。而且,这一改动将整整维持1000年之久,直到第30世纪的末年。

一般人看来,2000年已经称得上一个大吉大利、不可多得的年头了。不过,在世界趣味数学大会即将召开之际,会务组的几位"顶梁柱",实力派人物总还感到似乎欠缺了什么:太平淡了,气氛不浓,力度不够。

经过一番盘算之后,总算"皇天不负苦心人",他们终于为世界趣味数学大会拉出了一条别开生面的巨大横幅广告,上面写着:

"我们的大会是在 YYYY 年（Y 是英语单词 Year 的第一个字母）召开的，用 4 个清一色字母来欢迎全球四大洲的朋友。Y 既是字母，也代表数字。"

所谓四大洲，是指欧亚大陆（即 Eurasia，这是一个由欧洲（Europe）与亚洲（Asia）拼凑而成的英语单词，因为亚洲与欧洲在地理上浑然一体，习惯上这样统称）、美洲（包括北美洲与南美洲）、非洲以及大洋洲。至于南极洲，由于它过于寒冷，不适宜于人类居住，一般把它排除在外。所以上文所指的四大洲其实就意味着全世界。

YYYY 这个数目实在太奥妙了，它指的其实是非十进制数，一般人不太容易想到。

现在，让我们来揭破谜底，看看这个 Y 究竟代表什么数。

由于 $13^3=13 \times 13 \times 13=2197$，已超过 2000，可见 13 进制、14 进制、15 进制……一下子就被否定，这样就大大地缩小了收缩范围。

不过，一步步地寻找还是太麻烦，有没有什么"捷径"可走？

有一位收到邀请信的专家突然之间"灵机一动"，猛然想到了七进位制。

一试，果然能行，他不禁有些喜出望外。

请看：

$$5 \times 7^3 = 1715$$
$$5 \times 7^2 = 245$$
$$5 \times 7^1 = 35$$
$$5 \times 7^0 = 5$$

等式右边的四个数相加之后，其和正好等于 2000！由此可见，YYYY 年就是 5555 年，只不过用的是七进位制。打开天窗说亮话，其实就是十进位制的 2000 年！

由于学电脑、玩电脑的缘故，同学们对二进制数已经相当熟悉，只是稍加点拨、拓展，对其他进位制一定也能理解，看懂本文当然也就不成问题啰。

"黑马"存在,言之有理

足球、篮球、乒乓球、象棋……许多比赛中经常会出现所谓"黑马",弱队战胜强队,爆出"冷门",令许多人大跌眼镜。这究竟是什么道理。

有些队战绩不佳,屡战屡败,观察员与评论家们都不看好,那么,它是否会一败涂地,还是有朝一日咸鱼翻身,成为一匹"黑马"呢?

人们经常会陷入一种思维定式而不能自拔,上智与下愚都不例外,其根源来自数学上的不等量公理。

由于 10 大于 7(可使用不等号),而 7>3,于是当然会有 10>3。事实上,它还可以进一步推演:若 $A>B$,$B>C$,则必然有 $A>C$,这就是所谓的"传递律"。

对于数或量来说,传递律确实是金科玉律,是根本推翻不了的,但人们往往会错误地认为它可适用于一切场合,那就不对了。譬如说,如果 A 队经常战胜 B 队,B 队经常战胜 C 队,那么 A 队能经常战胜 C 队吗? 不见得。事实表明并非永远如此。

为了发现一个公然漠视这种规矩的例子,让我们用四颗骰子来代表四个足球队。在骰子的六个表面上刻录了下面附表中的数字。例如,阿森纳队的骰子在四个表面上分别记了 4,两个表面上记了 0,而纽卡斯尔联队的每一个面上都写着 3。

队　　名	六个面上刻录的数字
阿森纳队	4　4　4　4　0　0
纽卡斯尔联队	3　3　3　3　3　3
南安普顿队	6　6　2　2　2　2
温布尔顿队	5　5　5　1　1　1

按照这种人为的模型,当阿森纳队与纽卡斯尔联队对抗时,只有两种

可能的比分：4 比 3，阿队胜；3 比 0，纽队胜。如果你不断地抛骰子，那么阿森纳队获胜的机会大约等于 $\frac{2}{3}$。

在纽卡斯尔联队与南安普顿队较量时，纽队能以 3 比 2 取胜，或者南队能以 6 比 3 胜出，在这种情况下，纽卡斯卡联队的获胜机会大约也是 $\frac{2}{3}$。

南安普队与温布尔顿队交锋时，可能出现的结果将会更多些，譬如说 6 比 5、6 比 1、2 比 1 都是南队得胜，但 5 比 2 却是温队胜出。然而，总的说来，南队可望以 $\frac{2}{3}$ 的机会获胜。

综合上述情况，可见阿森纳队经常击败纽卡斯卡尔联队，纽卡斯尔联队经常击败南安普顿队，而南安普顿队经常击败温布尔顿队。如此说来，阿森纳队岂不是可以易如反掌地痛打温布尔顿队了？不，情况绝非如此。你只要抛掷代表阿队与温队的两颗骰子，就会惊讶地发现，温队获胜的机会居然也是 $\frac{2}{3}$。

以上就是一个非传递性的模型。你或许认为它太做作。然而，如果在理论上它是可能的话，那么，当真的阿森纳队与温布尔顿队在足球场上交锋时，类似的结果也是有可能发生的啊！

99 与回文数

从前在南京开会，参观游览，看到太平天国天王府的大殿上书写着一副气魄宏大的对联：

虎贲三千，直指幽燕之地；

龙飞九五，重开尧舜之天。

注：虎贲（bēn），古代称勇士，武士

据说这副对联出自翼王石达开的大手笔，也有人认为，原作者是元末农民起义首领刘福通,石达开不过改动了几个字。

在中国历史里,9和皇权的关系密不可分。例如,从前臣子见皇帝,必须三跪九叩,宫殿的大门上有九九八十一个铜钉,故宫的房子有九千九百九十九间等。

"九五"的典故,出自《易经》,孕育着严重的帝王思想。太平天国的领袖们,对数字是不太懂行的。其实,99要比95有趣得多,它才是真正的老大哥呢!

让我们来看一下回文数,它同文学里的回文,关系非常密切。顺读、倒读都有意义的称为"回文",例如,"人人为我"与"我为人人"。

武侠小说名作家,号称一代宗师的梁羽生先生(原名陈文统,梁羽生是他的笔名)曾经举出过不少有趣例子,如:

佛山香贡香山佛,
星岛港迎港岛星。
人游夜总会,
会总夜游人。

回文数的特点是对称。例如,浙江大学的宿舍区求是南村的邮政编码是310013,就是一个回文数,它同本书作者有着不小的因缘。

奇妙的是,99是回文数的一个策源地。用99去乘某个两位数,如果这个两位数十位上的数字与个位上的数字相加之后等于10的话,那么,它同99的乘积便是一个回文数。请看:

$$99 \times 37 = 3663$$

$$99 \times 73 = 7227$$

$$99 \times 64 = 6336$$

$$99 \times 55 = 5445$$

......

从 99 派生出来的一系列数，例如 999，9999……乃至由若干个 9 所组成的多位数，也有类似的性质。

你看：

$$999 \times 28 = 27972$$
$$99999 \times 64 = 6399936$$
……

这样的性质简直可以一直延续下去，直到无穷大。

你说奇妙不奇妙？

群生的回文酵母

大名鼎鼎的纪晓岚，在中国是个家喻户晓的人物。笔者最近去了北京（本文原作于 2001 年 12 月），得悉他在宣武区（现为西城区）的故居阅微草堂又要投入巨资，修整一新了。

纪晓岚聪明绝顶，他虽然没有研究过密码术，却能"无师自通"，运用自如。他在京城里官居要职，自然消息灵通。有一次，他忽然得悉皇帝打算把他的儿女亲家，在扬州做两淮盐运使的卢见曾问罪下狱，心生一计，急忙派人星夜启程，快马加鞭去送上礼物——用草纸包着的茶叶。（谐音为"查抄"，暗示皇帝即将下旨抄家。）当时，扬州城开不夜，盐运使是天下第一的"肥缺"，但当真的上门抄家时，金银财宝早已转移，抄到的东西微不足道。

事情终于败露，皇帝勃然大怒，纪晓岚不仅被免职，而且被发配到新疆乌鲁木齐去"充军"。过了几年，又遇赦回朝，反而更加得到了乾隆皇帝的重用，不计前过，连连升官，直到官居一品，充当了《四库全书》的总纂。在清朝历代的御用文人中，堪称前无古人，后无来者了。

纪晓岚与回文结下了不解之缘。据说"客上天然居，居然天上客""人过大佛寺，寺佛大过人，"都是他同乾隆皇帝的君臣游戏之作。

数学里头也有回文数,其特点是:从左至右读过去,或者从右至左读过来,两者都完全一样。

回文数说多不多,说少不少,其分布并不均匀。譬如说,1991 年就是一个回文数年,距今不过 10 年工夫。2002 年又是一个回文数年,国际数学大会要在 8 月份召开,主会场设在北京,分会场分散在上海、杭州、西安、青岛等处,势将在中华大地上掀起一个学数学、用数学的高潮。

不过,21 世纪只有一年是回文数年,下一个回文数年将一直等到 2112 年,相距现在足足有 111 年之久。

回文数有一种群生现象,好比化学里头的稀土元素,大家挤在一起,很像上下班高峰时间的地铁车厢或无人售票公交车,拥挤不堪,挤成一团。这是一种很有趣的现象。

不久以前,美国著名数学科普作家、生物化学权威人士匹克奥弗(Pick-over)先生指出,从 91 开始,直到 109 为止的十个连续奇数是一群产生回文数的"酵母细菌",用它们分别去乘以 55,就能得出一系列四位回文数,请看下面的式子:

$$91 \times 55=5005 \qquad 101 \times 55=5555$$
$$93 \times 55=5115 \qquad 103 \times 55=5665$$
$$95 \times 55=5225 \qquad 105 \times 55=5775$$
$$97 \times 55=5335 \qquad 107 \times 55=5885$$
$$99 \times 55=5445 \qquad 109 \times 55=5995$$

世界上有些事情,说破了一钱不值,但在未经明眼人点穿之前,大家都哑口无言,就像哥伦布在桌上把鸡蛋竖立起来那样。

回文诗和镜反数

中国文字是非常优美的,如果你能灵活巧妙地应用,那么,你一定会发现,它不仅有韵律辞藻的美,也有形式变化之奇。

譬如说,"夫忆妻兮父忆儿",如果你从后面倒过来读,那就将变成"儿忆父兮妻忆夫",主语和宾语交换了角色,同样有意义,同样合乎语法,真是妙极了。

清初女诗人吴绛雪作有一首辘轳回文诗:

> 香莲碧水动风凉,水动风凉夏日长。
> 长日夏凉风动水,凉风动水碧莲香。

全诗共十个不同的字,描绘了一幅风吹水动,花香暗浮的夏日风光图。奥妙的是诗的上面两句倒过来读就是诗的下面两句,更妙的是把这十个字排成一个圆,顺时针读是上两句,逆时针读是下两句,就像是一只来回旋转的辘轳。

辘轳图

在数学里,把一个数倒过来读后所得的数,称为原数的"逆序数",物理学家们则喜欢称为"镜反数"。"镜反数"是一种相互的关系,例如1234与4321就互为"镜反数"。

有时,镜反数就是自身,例如12321,从左往右读与从右往左读时完全一模一样,这就叫作"自对称数",通俗地讲,就是所谓"回文数"。

"回文数"现象在数学上并不少见。例如,著名的"杨辉三角形"(华罗庚先生写过一本专门的小册子讲它)(见图),在它的前面几行里,每一行都是回文数。可惜,从第六行起,这样的性质就不灵了,这是由于十进制数本身的缺陷。倘若把二位数乃至多位数本身看成一个不能分拆的原子团(例如化学里头的氢氧根 OH^-,或者硫酸根 SO_4^- 等等),那么,回文性质还是能成

```
        1
       1  1
      1  2  1
    1  3  3  1
  1  4  6  4  1
      ......
```

杨辉三角形

立的。这种说法并非笔者的杜撰,纽约大学教授、数论专家贝勒先生即持

有这种观点。不过,我们还是要尊重大多数人的看法,不宜去作惊世骇俗之谈。

早在我读小学的时候,就发现了一些很有趣的镜反数等式,例如:

$$13 \times 62 = 26 \times 31$$

	1	2	3	4	5	6	7	8	9	10
	1	1	1	1	1	1	1	1	1	1
1	1	2	3	4	5	6	7	8	9	横列
2	1	3	6	10	15	21	28	36	纵列	
3	1	4	10	20	35	56	84			
4	1	5	15	35	70	126				
5	1	6	21	56	126					
6	1	7	28	84						
7	1	8	136							
8	1	9								
9	1									

西风东渐,教会学校里视 13 为洪水猛兽,避之唯恐不及,26 是 13 的 2 倍,似乎也好不到哪里去,邻座的小朋友,由于笃信基督教,就自作主张地修改老师布置下的作业,岂知算出来的结果竟然是完全一样的,统统都等于806。

许多人把这种现象视为偶然"巧合",往往一笑置之,不愿深究。而我却想寻根刨底,追它一个水落石出。

后来我发现上述现象并不是个别的,它的根源来自合数 6 的分解:6=1 × 6=2 × 3。

其他合乎条件的合数还有4,8,9,12,16,18,24,36,再上去就不行了。一到36,就封了顶。道理非常浅显,譬如说38,它只能有唯一的分解法

$$38=2 \times 19$$

可是 19 已经是两位数了。

满足条件的乘法等式共有 14 个之多,基本上可以分成两类。一类是平方数4,9,16,36(请注意25虽然也是平方数,但它绝对不行!),只能有

一个等式,例如由于

$$4 \times 4 = 2 \times 8$$

我们将有回文等式:

$$42 \times 48 = 84 \times 24$$

另一类是非平方数,例如24,它可以分解为

$$4 \times 6 = 3 \times 8$$

从而生成两个乘法等式

$$48 \times 63 = 84 \times 36$$

$$43 \times 68 = 34 \times 86$$

其他也可依此类推。懂得了这个道理,把14个式子全部罗列出来毫无困难。为了节省篇幅,就不必开出明细账了。

值得注意的是,在以上的每个两位数中间添一个0,等式依然成立,例如:

$$403 \times 608 = 304 \times 806 = 245024$$

不仅如此,它还可以大大地进行"推广":中间添同样多的0,等式还是成立。例如:

$$4008 \times 6003 = 8004 \times 3006 = 24060024$$

这可了不得!等式竟然可以永远维持下去,一直到无穷大。由于发现了"通向无穷"之路,那一夜,我兴奋得通宵失眠了。

一位海外华裔知名物理学家梅维宁博士也曾提醒学界人士,自然数中存在的"镜反现象"值得注意。

他用双向箭头记号(⟷)表示互为镜反数的关系,例如12⟷21,13⟷31等等。

梅博士注意到,它们的平方数依然保持着镜反关系,例如:$12 \times 12 = 144$,$21 \times 21 = 441$,而 $144 \longleftrightarrow 441$

同理,13 也是如此:

$$13 \times 13 = 169, 31 \times 31 = 961$$

而 169 ⟷ 961

不仅如此,12 与 13 的乘积也"感染"上了这种性质,譬如说 12 × 13=156,而它们的镜反数的乘积是 31 × 21=651,156 与 651 又是互为镜反数的。

以上这些,我们可以简要地记为:

12 × 13=156 ⟷ 31 × 21=651

梅博士乘胜追击,继续发现了许多镜反数。与上相似,通过加 0 的办法可以将它们推向无穷远。

有趣的是,这次不光是加 0 了,中间还可以不断地添加 1,例如有:

$$113^2=12769, 311^2=96721;$$

$$1113^2=1238769, 3111^2=9678321;$$

$$11113^2=123498769, 31111^2=967894321;$$

不过,你注意到了没有? 由于中央的那个数目在持续地增大,最多只能到 9 为止,所以这种办法不能永远维持下去,是不可能推广到无穷的。

总而言之,数学里头的镜反数与文学中的回文诗词就像一对姐妹,它们对称和谐,妙趣横生,内涵丰富,意境深刻,有着异曲同工之美。

91 与元曲

有些数学书刊上曾登出过有关"马鞍数"的文章,这类数的特点是两头高,中间低,例如 535,656,737 等等。"马鞍数"可以转化为"驼峰数",后者的特点是两头小、中间大,例如 484,363,151 等等。

在这两类数的转化过程中,91 或其倍数起了决定性的作用,请看以下算式:

$$656-565=91;$$

$$545-454=91;$$

$$757-575=182=91 × 2$$

......

马鞍数,驼峰数,知道的人很多,不算稀奇。然而,了解"逆序数"与91之间奇妙联系的人,却真是寥寥无几,堪称"凤毛麟角"了。

逆序数同文学艺术里的"回文"有关系,这种修辞技巧在唐诗、宋词、元曲里都能找到不少例子。复旦大学前名誉校长陈望道先生在其传世杰作《修辞学发凡》里曾举出过不少精彩的例子。

例如,元代大作家马致远的名句:"枯藤老树昏鸦,小桥流水人家",如果把词序完全颠倒过来,即"家人水流桥小,鸦昏树老藤枯"勉强还能看懂。不过,人们看了这样的句子,难免会皱起眉头来,因为颠倒之后的句子远远没有原句的韵味,更谈不上什么吸引力。

然而,元曲的另一位名家白朴,他所写的《天净沙·秋》就要高明得多。让我们摘出其中的六个字来看:"青山绿水红叶",倒过来读时却成为"叶红水绿山青",意境甚美,人们看到它时,马上会联想到金秋时节,北京西郊香山的红叶或者苏州的天平山。

除了元曲以外,清代大词人纳兰性德(大学士明珠的儿子,曾当过康熙皇帝的一等侍卫,许多人认为他就是《红楼梦》中怡红公子贾宝玉的原型)也有许多回文佳作,例如下面的这首《菩萨蛮》词,就有着五个字和七个字的佳句:

> 雾窗寒对遥天暮,暮天遥对寒窗雾。
> 花落正啼鸦,鸦啼正落花。
> 袖罗垂影瘦,瘦影垂罗袖。
> 风剪一丝红,红丝一剪风。

写作水平甚高,使许多后来者为之束手。

常言道:"物以稀为贵。"文学里头的这种佳作毕竟是非常难找的。现在,让我们言归正传,掉过头来看看数学方面的例子。

随便写出一个以91为分母的最简分数,例如 $\frac{36}{91}$,并且把它化为循环小数,即

$\frac{36}{91}=0.\dot{3}9560\dot{4}$，它有着 6 位循环节。

现在来提一个相当奥妙而且颇有分量的问题。如果把循环节中的数字完全颠倒过来，试问

$0.\dot{4}0659\dot{3}$ 是由哪一个以 91 为分母的最简分数转化而来的呢？

这个问题也许使你傻了眼吧？有哪一本课外辅导书，《一课一练》或者奥数培训教材里有这样的题目呢？"没见过"，"没见过"，大家不免搔头摸耳，唉声叹气。

然而，"远在天边，近在眼前"，$0.\dot{4}0659\dot{3}$ 所对应的最简分数竟然就是 $\frac{37}{91}$。如果不相信，请你试一试，除一除。

我已经证明，在以 91 为分母的分数家族中，这种"共生现象"是处处存在的。有兴趣的读者，不妨亲自去找一找，来验证我的结论。

神奇的密码

1941 年 12 月 7 日，日军偷袭珍珠港，爆发了太平洋战争。日军先后攻入我国香港及西贡、菲律宾、马来西亚等地，像饿狼扑入羊群，每到一处都杀人如麻。

新加坡一时也岌岌可危，很快就沦陷了。日军大肆搜捕来不及逃走的文化人，连报馆的下层职员也不能幸免，一旦被捕，当然难免一死。

当时有位姓高的，他是浙江富阳人，在新加坡做小本经营，也喜欢动动笔，在报纸上写点抗日文章。日军攻进新加坡以后，他来不及逃出，只好到处躲藏，听说平时所认识的一些熟人纷纷被捕，他更是急得像热锅上的蚂蚁一般。幸好后来碰到一个意外的机会，得以逃出虎口。

原来，姓高的有一位莫逆之交徐某，原籍沪杭线上的王店，在日本留过学。此人博览群书，足智多谋，人称"小诸葛"。这个时候他正打入敌人内

部,在傀儡机构里做事,经常寻找机会,拯救一些抗日救国的华裔与外籍人士。

日本人知道新加坡是一个南天重镇、国际商港,又是初来此地,人生地疏,因此控制得非常严厉,加紧检查邮电,甚至连电线杆上的一些招贴都不轻易放过。好在徐、高二人已经会过几次面,徐某要老高暂待数日,再帮他脱离虎口。如有重要信息,会及时通知他的。当时唯一可行的办法,是躲在货船里或乘坐小渔舟渡海脱逃。接着,徐某就告诉老高一种经过他精心设计的,局外人不得而知的通讯用的"密码"。老高心领神会,立刻理解了,于是两人就欣然道别。

一天凌晨,老高终于收到了一张条子(这张小条子如何传递到他手里,讲故事的人没有告诉我)。

看到这张小条子,老高真像遇到了救星。原来,小条子上面写着:

"南无多宝如来南无宝胜如来南无妙色身如来南无广博身如来南无离怖畏如来南无甘露王如来南无阿弥陀如来南无瞿留孙佛南无拘那含牟尼佛南无迦叶佛南无本师释迦牟尼佛 无阿弥陀佛无阿弥佛佛弥佛无阿弥陀佛陀佛南弥佛阿佛佛陀佛南阿佛佛南陀佛南无弥佛阿弥陀佛无阿弥陀佛南无陀佛南无阿弥陀佛南阿佛无阿弥陀佛佛南弥陀佛南阿陀佛无阿弥陀佛陀佛南阿佛南弥佛陀佛南无陀佛。"

即使在今天,大家看到这张条子的话,也一定会感到莫名其妙,因为它字里行间完全没有标点符号,当然更谈不上去了解它的意义了。可是,老高一见到它却如获至宝。匆匆忙忙地拿起一片废纸,在上面比画了一下。不可思议的是,他竟像《水浒传》里的宋江在还道村遇到了九天玄女,读懂了无字天书一样,立即懂得了这张纸条的真正含义,便按照徐某发来的紧急指令,于9点30分到达海边,果然在那里发现了一只停泊的小船,就毫不迟疑地上了船,经苏门答腊辗转回到中国,逃脱了日军的魔爪。

据说日军也曾看到过这张小条子的,起先他们也有点疑心,但在经过反复研究之后，认为那只不过是佛教徒使用的一些劝人为善的咒语而已！

其实，这是一种经过精心设计的密码系统。下面，我们就来讲一讲它的读法。首先，纸条最上面两段是过去七佛的名号与贤劫四佛的法号，它们与佛教大乘经典里面所记载的完全相同，用意完全是为了迷惑敌人，这正是设计者高明的地方。真正重要的信息是从"本师释迦牟尼佛"后面才开始的。我们首先碰到的问题是：这段话没有任何标点符号，怎样把它分成句子来读？如果不能分成句子读的话，那就根本谈不上破译了。按照徐某事先的指示，老高知道，每遇到一个"佛"字，就表明是一个"休止符"。于是，上面这段重要信息，经过这样的"分解"处理之后，就成为：

"无阿弥陀佛、无阿弥佛、佛、弥佛、无阿弥陀佛、陀佛、南弥佛、阿佛、佛、陀佛、南阿佛、佛、南陀佛、南无弥佛、阿弥陀佛、无阿弥陀佛、南无陀佛、南无阿弥陀佛、南阿佛、无阿弥陀佛、佛、南弥陀佛、南阿陀佛、无阿弥陀佛、陀佛、南阿佛、南弥佛、陀佛、南无陀佛。"

下面一个决定性的步骤是，把"南无阿弥陀佛"与数学上的二进制记数法建立起一种"一一对应"关系。现在请你准备一些小纸头，按照上面的次序，从左至右地写上"南无阿弥陀佛"。现在，凡是徐某那张纸条上有的字，你就在相应的地方画上一个"×"，没有的就不画"×"。接着，把画"×"的地方看作是"1"，不画"×"的地方看作是"0"。例如：

（南 ）无 阿 弥 陀 佛

    ×　×　×　×　×

（南 ）无阿弥陀佛就相当于二进制记数法中的 011111，也就是十进制里的 31。

按此办法，继续做下去，就不难得出以下的字母与数字对照表，亦即破译时所应遵循的工作清单：

真实字符	十进制代码	二进制代码	密码本文
单词空白	1	000001	佛
句子空白	63	111111	南无阿弥陀佛
a	3	000011	陀佛
b	5	000101	弥佛
f	9	001001	阿佛
m	27	011011	无阿陀佛
n	29	011101	无阿弥佛
字母 *a* 与数字 0	31	011111	无阿弥陀佛
r	37	100101	南弥佛
s	39	100111	南弥陀佛
t	41	101001	南阿佛
u	43	101011	南阿陀佛
3	15	001111	阿弥陀佛
9	35	100011	南陀佛
（句点）	51	110011	南无陀佛
（冒号）	53	110101	南无弥佛

这里应当说明一下,为什么密码要用英文来编制呢?因为当时还没有拼音字母,若使用汉字,单是《康熙字典》里就有4万多个,即使是常用的汉字,也有7000~8000个之多,这就给编码、译码带来极大的困难。此外,还有更深一层的意思,从"南无阿弥陀佛"到英文字母 *a*、*b*、*c*、*d*…这真是相差十万八千里,有谁会猜到其中的奥妙?

经过一番破译,真正的信息就暴露出来了:

"ON BOARD AT 9:30 TO SUMATRA。"

老高一看,马上懂得它的中文意思是:

"9点30分准时上船逃往苏门答腊。"

他当即依计行事,转移到安全地带,继续与日军作殊死的斗争去了。

迷人的数与数的变换

富 裕 数

英国数学科普作家杰里米·温德姆精力旺盛,活跃异常,一人身兼数职:大学讲师、乐队指挥、高级科普杂志《新科学家》(*New Scientist*)的专栏作者,还是猎头公司怪点子的策划人。这样一个"工作狂",收入自然不菲,生活也就变得越来越富裕了。于是,杰里米·温德姆得意忘形,戏称自己就像是古希腊数学家毕达哥拉斯的"富裕数"。

一切整数都有因子,本文研究的是其中比原数小且能把原数除尽的整数,1 当然也算因子。譬如说,数 12 的因子有 6,4,3,2,1,它们的和等于 16。如果一个数的所有比原数小的因子的总和大于该数本身,则称之为"富裕数",12 就是这类数中最小的一个。

数学家喜欢较真,他们要计较富裕数究竟富裕到什么程度。例如,12 的富裕度是 $\frac{16}{12}$,即 1.33 左右。由此,我们知道,计算一个数的富裕度的公式是:

$$\frac{各因子的总和}{该数}$$

再来看 24 这个数,它的各因子之和为 1+2+3+4+6+12=28,其富裕度为

$\frac{28}{24} \approx 1.16$，尽管不算太"富裕"，但有心人却也利用它发明了"24点游戏"，一度风行世界。

再来看36这个数，它的各因子之和为1+2+3+4+6+9+12+18=55，从而可以算出其富裕度为$\frac{55}{36}$，即大约等于1.528。人们常喜欢把36说成是"六六大顺"，看来确实是有点道理的。

数60的所有因子之和等于108，算得的富裕度为1.8，得分之高，值得欢呼了。我们说，60这个数是高度富裕的，它的因子很多，简直是"路路通"，难怪它要成为一种进位的基数了。古代两河流域的巴比伦人使用60进位制来计算角度、时间等，至今依然不变。

有意思的是，华夏文明同富裕数有着千丝万缕的关系。虽然还有许多中国人并不知道毕达哥拉斯是谁，但是他所发现的勾股弦定理和在中国被称作的商高定理，实在有"异曲同工"之妙。

中国古人对富裕数一贯非常重视，在古代文献中记载着十二金钗，二十四节气，二十四番花信风，三十六天罡，七十二地煞……真是洋洋大观，难以一一列举。

"三百六十行，行行出状元"是一句流行语，现在请你计算一下，360的富裕度等于多少？

把360的各个因子加起来等于多少呢？不算不知道，一算吓一跳：

$$1+2+3+4+5+6+8+9+10+12+15+18+20+24+$$

$$30+36+40+45+60+72+90+120+180=810$$

于是，$\frac{810}{360}=2.25$，堪称"大富翁"了！

经过几代人的努力，我国正在全面进入小康社会。对老百姓来说，千百年来，祖祖辈辈渴望的就是过上太平宽裕的生活。

说到这里，头脑机灵的孩子自然会问：如果各因子之和正好等于原数时，这种数又该叫什么呢？

问得好！这类数称为"完全数"，最小的完全数是6，第二个完全数是

28,现在,各国数学家们已经找到了很大很大的,多达几千、几万位的完全数。

"有富必有贫",那么,有没有"贫穷数"呢? 当然有啊! 不过,没有定正式名称,因为,大家都很忌讳"贫穷"哩。其实,"素数"就是"贫穷数"。我们随便举个例吧,譬如说 101 就是一个"素数",101=1 × 101,但 101 不算因子,于是,

$$富裕度=\frac{1}{101}<1\%$$

多可怜啊! 富裕度连百分之一都不到呢!

数学上早已证明,没有最大的素数,素数是"上不封顶"的,因而,富裕度是个无穷小量,它是趋向于 0 的!

"素数"也叫"质数"。"质"这个字,有着各种各样的解释,其中的一个解释为"人质"。在报纸上,不时经常听到匪徒"劫持人质"的报道吗?

"质"的另一解释为"典当",家里穷得揭不开锅,只好上"典当"了。

以上这些解释,当然是有点开玩笑的性质了。数学太严肃了,我们不应该老是板起面孔来说教,搞得风趣一些,不是很好嘛。

妙不可言的 0

数码 0 起源于印度,在公元前 2000 多年,最古老的印度文献《吠陀》中已经提到它。

在数码 0 出现之前,很多民族采取空位的方法来表示 0。在印度(古称天竺),0 这个字读作"苏涅亚",表示空位置的意思。他们把一个多位数中缺位的数字叫作"苏涅亚"。后来,0 这个数码产生了,又从印度传入阿拉伯。阿拉伯人把它翻译为"契弗尔",仍然表示"空位"的意思。再后来,又从阿拉伯传到欧洲。同 1,2,3,4,5,6,7,8,9 等阿拉伯数字一起,构成一套完整的数码,终于成为全世界通用的符号。

我国古代,本来也没有0的数码,无独有偶,古人也用"空位"的办法来解决。例如在《旧唐书》《宋史》中,讲到历法时,都用留空的办法来表示天文数据的空位。南宋时期出版的一本《律吕新书》中,把118098记为"十一万八千□百九十八"。可见,当时是用□来代表空格,由于中国古人都使用毛笔,很难画直线,为了书写方便,不知不觉就把□形顺笔写成○的形状了。根据我国数学史家的研究,13世纪40年代,河北的李治、浙江的秦九韶,都不约而同地在他们所写的书中,用○表示了空位,而当时阿拉伯数字尚未传入我国。由此可见,○其实也是"国粹",并非舶来品。

0是自然数中的一个珍宝,如果没有它,整部数学机器就没有办法开动了。按照人们的常识和理解,0的放置地位至关重要,丝毫含糊不得。譬如说,703可以被37整除,但730或073就不行了。夹在中间的0与放在首尾两头的0,意义是完全不一样的,决不能随便挪动位置。

下面的一串十位数(共有10个)中都有0,观察它们的运算,你会发现什么现象呢?

$$1111111110 \div 9 = 123456790$$
$$1111111101 \div 9 = 123456789$$
$$1111111011 \div 9 = 123456779$$
$$1111110111 \div 9 = 123456679$$
$$1111101111 \div 9 = 123455679$$
$$1111011111 \div 9 = 123445679$$
$$1110111111 \div 9 = 123345679$$
$$1101111111 \div 9 = 122345679$$
$$1011111111 \div 9 = 112345679$$
$$0111111111 \div 9 = 012345679$$

结果竟然是:0随便放在哪里,都能各得其所!求出来的商,也都是井然有序的,绝没有乱成一团。

人们由衷地赞美:真是妙不可言的0啊!

不听话的 8

如果要计算几个连续自然数的和,那是比较容易的。德国大数学家高斯年仅七岁时(一说只有三岁),就能计算 1+2+3+⋯+98+99+100=5050,许多小朋友都知道这个故事。

但是如果先知道一个自然数,请你用其他几个(至少要两个,不能只用一个)连续自然数的和来表示它,那就比较难了,因为不是所有的自然数都可以这样表示的。

譬如说,7=3+4,9=2+3+4,9=4+5。但是,8 无论如何也不能用几个连续自然数的和来表示。3+4=7,然而 4+5=9,偏偏跳过了 8;另外 1+2+3=6,但 2+3+4=9,8 还是被跨越过去了。倘若再用四个连续自然数相加,那么最小的和是 1+2+3+4=10,比 10 小的 8 当然更不可能用四个连续自然数的和来表示了。多么不听话的 8,真是个调皮家伙!

不光是 8,它的难兄难弟们统统也不行,例如比它小的 4,比它大的 16,32,64 等等,一般地说,凡是 2^n 形式的自然数都不能用连续自然数的和来表示。由此可见,不听话的人绝不止一个,而是整整一个家族!

请加以证明。

许多人一听说要证明就觉得头痛得很,自己认为没有此种能力。情愿矮人一截,知难而退。

其实也不必妄自菲薄,在数学史上解题能手辈出,高手如林,想出巧妙证法最多的人是匈牙利数学家爱多士,他的本事也不是从天上掉下来的,而是艰苦奋斗,"知难而上",一点一滴地积累起来的。

只要想到点子上去,证明起来实际也不算太难。要使连续自然数之和等于 2^n 形式的和,其中所含奇数的个数当然必须是双数才行,也就是奇,偶,奇,偶,奇,偶……奇,偶或者偶,奇,偶,奇……偶,奇。但是,我们根据等差数列求和公式：

$$S(和) = \frac{项数}{2} \times (首项 + 末项)$$

然而，此时（首项+末项）将必然是个奇数了，然而 2^n 中怎么会有奇数的因子呢？

要使奇数成双结对地出现，将必然会出现以下两种模式之一，即

奇，偶，奇，偶，奇，偶，奇……

或偶，奇，偶，奇，偶，奇，偶，奇，偶……

此时首项与末项之和将是偶数，从而可以保证 $\frac{首项 + 末项}{2}$ 得出整数，然而，有利必有弊，此时，项数将必然是奇数，上面已经说过，2^n 中纯粹由清一色的 2 乘出来，哪里能得出奇数的因子来？

证明完毕。请看，证法不是很干净利落吗？

当今一位著名数学家在其权威著作《数学基因》一书中强调指出，语言与数学本是一家，人的数学基因由语言基因发展而来，所以没有一个数学原理是不能用语言来阐明的。本文作者非常同意他的看法。

死数变活数

外国有位著名数学家，有一天他问还在小学里读书的孩子："小朋友，你们说，数是死的呢，还是活的？"孩子们根本不曾想到数学家竟会提出这样一个问题。于是全班沉默，鸦雀无声。

终于有位外号叫作"冲天炮"的小朋友勇敢地举手回答："老师，我看数是死的，譬如说，如果你在黑板上写 1，那么，它就不可能是 2。如果彩票的中奖号码是 12345，那么，12346 就不能领奖，等于废纸一张。"

教授表扬了他，又滔滔不绝地继续讲下去："对于死的数，我们也有办

法让它摇身一变,这就称为数的'变换'"。通过这种办法,往往能发现许多奇妙现象。下面就用三位数来做例子:将百位数的两倍作为一个新的三位数的百位数,如果这个两倍的数比9大,就把它的个位数与十位数相加起来,将所得之和作为新的三位数的百位数。对原三位数十位上的数与个位上的数也按照同样的办法来进行变换。譬如说:

变换前　　　过渡数　　　变换后
3 ───────────→ 6
7 ──────→ 14 ─────→ 5
9 ──────→ 18 ─────→ 9

"你们听懂了吗?"小朋友们一致大喊:"懂了!"

"好吧! 死数变活数,我们不妨就拿 516 来试一试:5→10→1;1→2;6→12→3,所以 516 变成了新的三位数 123,再对 123 也来做一做,就可以得到 246。"

小朋友们一面听他讲,一面已经悄悄地往下做了:

246→483→876→753→516

516"复活"了! 许多小朋友们都有点不大相信自己的眼睛了!

让我们再用别的数来试一试,还是有的小朋友似信非信。

一年有 365 天,于是有人看中了这个数目,照上述的变换规则,得出以下结果:

365→631→362→634→368→637→365

365 还是在六步以后"回家"来了!

有人刚乘坐波音 777 飞机出国旅行,便拿 777 来做试验品:

777→555→111→222→444→888→777

结果还是回到原点。小朋友们一致赞叹:数学真奇妙啊!

教授说:大部分的三位数,都是经过六步还原的,但也有例外。譬如说,与 365 只有一步之差的 366 就只要二步即可回复原状,请看:

366→633→366

也有根本不动的,例如999。

还有一个问题,请大家想想看:

有没有经过三步、四步、五步就还原的数目呢?

黑　洞　数

"黑洞"是现代科学的一个大问题,它的本质至今还不十分清楚。

通俗一点讲,黑洞就是只进不出的天体,它的密度大得惊人。在银河系的中心,就有一个大黑洞,体积远远比太阳大得多。

奇妙的是,数学里居然也有"黑洞数"这种怪东西,而且品种繁多,不止一个。下面就来讲一讲最简单的一种——西西弗斯数。

西西弗斯是希腊古时的一个暴君,死后堕入地狱,上帝罚他做苦工,命令他把巨大的石头推上山。此人力大如牛,欣然从命,不料大石头在将近山顶时忽然无缘无故地滚落下来,于是,他只好重新再推。眼看快要到山顶,忽然又"功亏一篑"地跌落,如此循环往复,永无尽头。西西弗斯于是只好在地狱里煎熬,无休无止,直到地老天荒。

现在让我们随便选一个很大的数作为一块"大石头",就取九位数210013798吧。我们以它为基础,变出一个新的数目来。此数共有九位,其中偶数(双数)有四个,奇数(单数)有五个,于是得出新数459。其规则是:

新数由左、中、右三部分构成,左部表示原数中偶数的个数,中部表示原数中奇数的个数,而右部则表示原数的位数。

接下来,再对变出来的459"如法炮制",作同样的变换,于是得出123。一旦得到123之后,就再也不会变化了,好比石头已经落地,一番心血付诸东流。

如果你不相信,那么,就请换上别的自然数来试一试。数字可以大得骇人听闻,尽管中间经过的步数有多有少,但最后总会得出123,这是一条金科玉律。

有人不服气，心想西西弗斯既然没有本事把大石头推上山去，怀里揣着一块小小的"雨花石"总可以吧！此人不相信123这个禁区不能突破，于是他把一位数8作为"雨花石"来试一试。根据上面的变换规则，8中有一个偶数，没有奇数，是个一位数，于是变出新数101。得到101之后，再变换一次，结果还是得到了123！

真是推也不行，带也不行，铁面无私的123，对谁都不买账！

此事虽小，倒也是算术领域中一条永恒规律，而科学研究的伟大任务，就是要把大大小小的永恒规律统统挖掘出来，以满足人类的好奇心和求知欲。至于它们有没有用，那是次要的。

有些名画，价值动不动成千上万，但是它们饥不能餐，寒不能衣，你说，它们除了"供"在博物馆里做"镇馆之宝"供人鉴赏之外，有什么用呢？

编制循环节大表

纯循环小数与混循环小数都可以化为分数。《十万个为什么》（新世纪版）的数学分母里提到了它们的化法。看来，在科学技术高度发达的21世纪，循环小数仍然占有一席之地。

事实上，循环小数的理论横跨算术、代数与数论三个重要数学分支，迄今仍有一些令人耳目一新的发现不断问世。

循环小数的故事特别富有魅力，科学上的立足点很高，把肤浅的科普知识驱赶得一干二净，从而使许多专家都刮目相看，不敢掉以轻心。例如，诺贝尔奖获得者、号称"科学顽童"的美国大物理学家理查德·费曼与五角大楼的特工相互较量的传奇故事，还有量子力学与近代物理中的"精细结构常数"等等。难怪有人认为，循环小数里头"遍地野草闲花，也遍地是黄金"，它之所以受到自然科学家的青睐，绝非偶然。

我多年来对循环小数的研究颇有兴趣,常有一些独特的发现。特别令我印象深刻的是美国纽约大学的数论专家阿尔伯特·贝勒教授提到的一件往事:

从前有位英国学者花费毕生精力,算出了一大批自然数的倒数 $\frac{1}{p}$ 的循环小数展开式,并把他的这一成果献给英国皇家学会。可是,在皇家学会珍藏的档案里,根本找不到这份宝贵材料。后来才知道,在一个天寒地冻的早晨,一个扫街人的手推车里装着的满满一车准备用来生炉子的"废纸",正是这位无名英雄许多不眠之夜的劳动成果。

对此,我耿耿于怀,决心在我的有生之年予以恢复重建。现在,我终于把 $\frac{1}{p}$(分母 p 是 10000 以内的素数)的所有循环节全部算出来并且编造表格。毋庸讳言,对从事数学教学与研究工作的人来说,此表是至关重要很有参考价值的。

随便点出一些问题,就足以使读者为之动容。譬如说,你可知道,在10000 以内,哪个自然数的倒数的循环节的位数最多?

答案是 $\frac{1}{9967}$,其循环节长达 9966 位。

循环节问题上的反差之大,足以令人瞠目。例如,$\frac{1}{6144}$ 的循环节只有一位。

事实上,

$$\frac{1}{6144}=0.000162760416\dot{}$$

你看,小数点后面的第一位至第十一位都不过是混循环小数的"前奏曲",它们不是循环节,仅有第十二位才是循环节。

然而,分母仅仅相差 1 的 $\frac{1}{6143}$,其循环节竟然多达 6142 位!每页 300字的稿纸足足需要写 20 页之多。

这些现象令人叹为观止,它可以为一些创新研究工作提供有用的素材。

重抄带来的惊喜

不时可以听到一些小学生向他们的爷爷、奶奶、外公、外婆抱怨："由于淘气，不听话，作业潦草，大声喧哗，上课做小动作，老师罚我抄书十遍。"

我们不赞成加重学生负担，更不赞成对孩子们实行变相的体罚。但我们今天要讨论的这个有趣的问题，却一定要从"重抄"说起。

2007 年冬季，南方暴发了数十年未有的雪灾。2007 这个数字看上去不大不小，表面上看起来似乎引不起什么学习的兴趣。

但我劝你们不要匆匆忙忙地下结论。把它重抄一遍，连底两遍（请注意，下面都采用这种说法），得出了 20072007，当然这个八位数是能够被 9 除尽的，这一点不难看出，不足为奇。但是，我可以告诉你们，它还能被 73 除尽，又能被 137 除尽。相信不相信呢？请试一试，除一除吧！

那么，把 2007 重抄两遍，连底三遍，又有什么戏唱呢？

众所周知，7 是最奇妙的自然数之一，天上有七姐妹星团，一星期有七天，而

$$200720072007 \div 7 = 28674296001$$

居然除尽了，不由你不信！

西方人有 13 的迷信，许多马路上没有 13 号门牌，有的大楼没有 13 楼，改称 12B 楼。当然，那是"乱弹琴"，毫无道理。

从数论角度来看，13 与 7 倒是"近亲"，有许多性质很类似。现在，我们不妨让 13 作除数来试试看。结果，$200720072007 \div 13 = 15440005539$，也除尽了。

然而，该数能被 37 整除，却能给人带来惊喜。事实上，真是有

$$200720072007 \div 37 = 5424866811。$$

我们在超市购物时，经常看到在票据上"2007 年"被简化省略为"07 年"，大家已经司空见惯，习以为常。写在"7"前面的"0"，四则运算时有没

有它都无所谓,但是,夹在中间的 0 就不能省略了。

如果把 07 重抄四遍,连底五遍,那又怎样呢?可以事先打保票,它一定能被 41 整除。不信,你试试看!

事实上,0707070707÷41=17245627,果然一举除尽了。

究竟重抄几遍能被什么数整除?这可不是随便说说,而是反映了一种深刻的自然规律。说到底,它是同循环小数的本质有密切关系的。

大数学家欧拉在双目失明后还在不断地研究神奇的自然数。国际知名的学者,微分几何专家,号称"一代宗师"的数学家陈省身先生也对它情有独钟,念念不忘。难怪有人认为:数学这口井,是永远不会枯竭的。

"马尾巴"的功能

唐代诗人徐凝盛赞扬州之美,他写道:"天下三分明月夜,二分无赖是扬州。"扬州的确是个好地方,我非常喜欢这个城市。迄今为止,前后去了二十余次之多,以后如果有机会,还是想去。

究其原因,是我受"扬州八怪"的影响实在太深了!表面上看,"扬州八怪"研究的是画画,而我是搞数学的,好像毫无搭界,没有一点点的瓜葛。然而,"扬州八怪"的特点是"怪",在这一点上我与他们存在着共性,因为,在数学研究上我有许多"怪"招数,同他们的思想一脉相承。

譬如说,我在求循环小数时就与一般人不同,是从右至左,由"蛇尾巴"抓"蛇头",采取"倒溯""逆流而上"的办法。现在我以 $\frac{1}{17}$ 为例,做一个简单说明。

先列出下列乘数表,也可以不必形诸笔墨,默记在心中,这对稍有心算能力的人,是不难做到的:

$$17 \times 1=17, 17 \times 2=34, 17 \times 3=51$$

$$17 \times 4=68, 17 \times 5=85, 17 \times 6=102$$

$$17 \times 7=119,17 \times 8=136,17 \times 9=153$$

大家注意到没有,这些积的末位数正好是 $1,2,3,4,5,6,7,8,9$! 一个不重,一个不漏,这就为下文要说的"弹无虚发"打下坚实的基础。

接着,在草稿纸上写下一长串的 9,然后再根据上面这些乘积的"尾巴",从右至左以 17 为除数执行除法,就这样"如法炮制",反复进行下去,请看下式:

```
                    94117647
17)‥‥99999999999999999
                     1 1 9
                      8 8
                      6 8
                    9 9 2
                    1 0 2
                    9 8 9
                    1 1 9
                      8 7
                      1 7
                    9 7
                    1 7
                    9 8
                    6 8
                  9 9 3
                  1 5 3
                    8 4
```

这个方法的最大优点是扣准末位,确定商数,不像传统方法那样留有"余地",而是百发百中,弹无虚发,迅速向左推进到上一位。在进行到余数为 84 时,要注意 $84=17 \times 5-1$,也就是说,对于除数 17 而言,84 将与 -1 同余。

这时将到达一个关键的"临界点"。根据数论的原理,我们就可以根据偶数循环节中的前后半段互补的性质,立即写出循环节的前面八位为 05882352,不必再做没完没了的除法了,从而一举得出结果:

$$\frac{1}{17}=0.\overset{\cdot}{0}58823529411764\overset{\cdot}{7}$$

对于其他除数,也可类似地进行操作,所以此方法具有普遍价值,而不仅仅是个别特例。同学们也不妨另外找个素数来试试看。

日本人自称"大和"民族,他们的古算称为"和算",有不少特色,并且深受我国明代数学家程大位《算法统宗》的影响,求循环节一般可以用珠算去做,所以也是"三算合一"的上好教材。不过,时至今日,中、日两国的年轻一代,都已经不大会打算盘,许多珠算秘诀面临失传的危险了。

由于我是生肖属马之人,所以称本法为"马尾巴法"。

哈 雷 数

哈雷(Edmond Halley,1656—1742)是英国著名天文学家、数学家。他在世上活了 86 年,曾任格林尼治天文台台长,绝对称得上是一位社会名流。

他发现 1531 年、1607 年和 1682 年出现的三颗大彗星具有十分相似的轨道,从而大胆判定它们实际上是同一颗彗星。哈雷紧接着做出预言,它将于 1758 年年底或 1759 年年初再度回归。尽管哈雷本人活不到那个时刻,已在此前死去,然而彗星果然并不爽约,如期而至,从而轰动了英国和整个欧洲。

中国是世界上最早记录彗星出没的国家,不过,历史文献上使用的名称并不统一,有时叫彗星,有时也称孛星、篷星、妖星等,民间则称为"扫帚星"。《春秋》记载鲁文公十四年(公元前 613 年)"秋七月,有星孛入于北斗",其实,这颗星就是哈雷彗星,也是世界上第一次对这颗"王牌彗星"的确切记载。

哈雷彗星之所以引起世人的广泛兴趣,主要是由于它的"回归"性质。人们不禁要问:除了天上的星体之外,数能不能回归呢?

这个问题当然非常深刻而饶有兴趣,可是哈雷本人并未研究过。也许他太忙了,成名之后,周旋于上层社会的各种社交活动,哪有时间抽空研究呢?

所谓"哈雷数",其实有点"拉大旗,作虎皮"的意思。不过是一种方便的说法。原来,某些特殊的两位数,经过反复的"乘方"运算之后,尾巴上的两位数有可能同原来的完全一模一样。

这种现象确实很奇妙,有极大的魅力。因为"回归自我",不论从文学、艺术、音乐、绘画……都有着不可抵挡的魔力,有人甚至把它归结为人的本质特性之一。

不过,哈雷数深入研究下去,其中大有文章可做。对某些二位数而言,无论经过多少次自乘,尾数是永远回不来了,人们颇为刻薄地形容为"肉包子打狗,有去无回",话说得相当难听,但情况属实。

过细地说,又可分为几类情况。第一种如 10,20,30 等数,乘方以后,尾巴都变成 00 了;第二种情况则是 15,35,45,55,65 等数,乘方之后,不分青红皂白,一概变成 25 了。

第三种情况则比较隐蔽,例如 14 这个数目,它乘方的变换链有如下图:

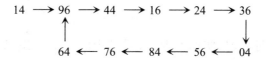

于是人们恍然大悟,那是一个不断转圈子的"漩涡",一旦切入以后,就会"身不由己"地被别的数目牵着鼻子走,再也不能恢复其本来面目了!

尾巴可以"复原"的哈雷数可以细分为 6 类,其周期分别为 2,3,5,6,11,21。

周期为 2 的哈雷数有三个,它们是 01,25 与 76(按照人们的通常习惯 00 不算)。其中的第一个微不足道,它是所谓的"平凡解",不在讨论之列。后面的 25 与 76 则是由著名数学科普大师马丁・加德纳(Martin Gardner,1914—2010)先生所发现,称为"自守数",是数学中的一个热门话题。

让我把其他周期的哈雷数再举出一两个例子。很明显,99 是周期为 3 的,请看:99→01→99。

周期为 5 的哈雷数可以拿 07 作为代表,它的变换链如下:

$$07 \longrightarrow 49 \longrightarrow 43 \longrightarrow 01 \longrightarrow 07$$

周期为6的哈雷数中有一个佼佼者61,它的变换链如下:

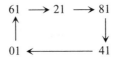

这是一个封闭的"环",实在妙不可言!我在这里存心卖个"关子",暂不说呢。请小读者们来一个掩卷深思,它还有什么奥妙隐蔽其中,你能把它揭露出来吗?

89的周期为11,它的变换链如下:

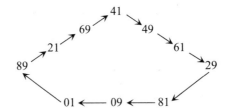

最长周期是21,实例不少,52是其中的一个,它的变换链如下:

$$52 \to 04 \to 08 \to 16 \to 32 \to 64 \to 28 \to 56 \to 12 \to 24 \to 48 \to$$
$$96 \to 92 \to 84 \to 68 \to 36 \to 72 \to 44 \to 88 \to 76 \to 52$$

粗看似乎看不出什么门道,其实这个封闭环路无比美妙。现在请你把不断重复的乘方运算完全撇在一边,将它打入"冷宫",而只考虑把尾数不断"翻倍"运算(请注意,我们的做法始终是一贯的,即只要最后两位尾数,其他一概删除),于是你将看到变化情况如下:

$$52 \to 04 \to 08 \to 16 \to 32 \to 64 \to \cdots$$

不必全部写出来你就会大吃一惊,因为这个变换链竟然同上面的完全一模一样,丝毫没有区别,简直无法分辨!

"数学原来如此奇妙,它有无限的魅力。我将来长大之后,一定要好好加以研究。"多年以前,听过我讲演的日本长野(就是这次奥运圣火在我国境外传递的一站)的小学师生们喃喃自语地赞叹。

冰雹猜想

在两条极为简单的规则指引下,可以将任何一个正整数进行变换。但你事先可曾想道:几乎所有正整数都将陷入一个死循环?

据报道,有一个时期,在美国许多大学里,冰雹猜想几乎成为最热门的话题,它已把古典的"哥德巴赫猜想"打入了冷宫。数学科普大师马丁·加德纳先生也为之撰写了专文。

只要制定两条极其简单的规则,就可以将一个正整数 N 变成其他正整数,规则如下:

(1)当 N 是奇数时,下一步变为 $3N+1$;

(2)当 N 是偶数时,下一步变为 $\frac{N}{2}$。

一般都认为,变换法则及大量实验结果都是由日本学者角谷静夫首先提出来的,所以又称为"角谷猜想"。

有一点很值得注意,假设 N 是 2 的正整数幂,那么不论此数如何庞大,就会飞快地坠落,犹如"飞流直下三千尺,疑是银河落九天"。

例如 $N=16384=2^{14}$,这时便有

$$16384→8192→4096→2048→1024→512→$$
$$256→128→64→32→16→8→4→2→1$$

但 1 并不是最终的归宿,因为根据上述变换法则,它还是可以变的,所以实际上陷入一个无休无止的"循环"圈子。(图 1)

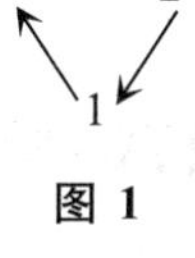

图 1

令人不可思议的是,不论你从什么样的正整数开始,也许中间要经过

漫长的历程,变出来的数字忽大忽小,像高空气流中的水滴一样,但最终必然会跌进上述死循环。

这个结果多么令人难以置信,但迄今已试验到很大的正整数,仍未发现反例,但也无法加以证明。说到底,仍然不过是一个猜想而已。

日本东京大学的米田信夫已对 2^{40} 以下的所有正整数都做了实验。结果发现,其下场如出一辙。经过很多步数以后,全都陷入 4—2—1 循环。至今还没有发现任何一个正整数,其变换数列发展下去会趋向于无穷大,也没有发现任何其他循环模式。但峰值与震荡过程可能很大,很剧烈,迄今对之没有任何一种办法可以预测。

这个问题的历史若明若暗,但似乎并不是十分古老。美国贝尔实验室的一位学者拉加利斯研究了该问题的起源,发现这个问题在以往曾数度出现过。

哈塞在 20 世纪 50 年代把它传到叙拉古大学,然后由大数学家斯坦及斯劳·乌拉姆(Stanislaw Ulam)把它传入洛斯·阿拉莫斯和其他地方,而角谷静夫第一次接触到它则大概是在 1960 年前后。他在回忆录中提道:"有一个时期,美国著名学府耶鲁大学里的每一个人都在探讨这个问题,但没有任何结果。有人开玩笑说,它是敌人企图干扰和阻滞美国数学研究进展的一个大阴谋的一个组成部分。"

虽然它在全世界范围内以"角谷猜想"而名重一时,可是在美国本土及其直属领地却被叫作"冰雹猜想"。这一方面是因为马丁·加德纳在他的文章里用了这个名称,又由于按变换规则所产生的数字串很有点像冰雹穿过暴风雨云层时的轨迹,忽而由气流推着上升,忽而又由于自身重量而下降的缘故。

无穷根式召唤灵感

大哲学家罗素曾经指出:"数学不但拥有真理,而且也拥至高无上的美。"

一讲到美，人们马上就会想起黄金分割比 0.618，已故著名数学家华罗庚先生走遍大江南北、长城内外，大力推广优选法，使这个不平凡的数 0.618 家喻户晓。

不过，0.618 只是一个近似值，求得更准确一些的话，它应该是 0.618033988…，实际上，它是一个无理数，若用根式表示，应该是 $\dfrac{\sqrt{5}-1}{2}$。

它有一位"哥哥"，其实是它的倒数，写出来便是 $\dfrac{\sqrt{5}+1}{2}=1.618033988\cdots$，除了整数部分之外，小数部分完全相同，一模一样。试问：你可曾看到过别的数与它的倒数也有这样的关系？

当然也有人认为它丑陋不堪，面目可憎，既毫无规律，写起来又没完没了。

然而，上述认识是片面的，其实它美不可言，因为我们可以把它表示成无穷的根式：

$$\sqrt{1+\sqrt{1+\sqrt{1+\sqrt{1+\sqrt{1+\sqrt{1+\sqrt{1+\cdots}}}}}}}$$

这些根式重重嵌套，以至无穷。根号里面只有两样东西，常数 1 与加号+，众所周知，1 为自然数之首，+为数学符号之祖，规律之简洁，真是无以复加了。

有人可能会问：你怎么知道它就是 1.618033988…呢？

严格的推导要用上"单调有界数列必存在极限"的原理。为了简单起见，我们可以用直观的方法加以说明。

不妨设

$$\sqrt{1+\sqrt{1+\sqrt{1+\sqrt{1+\cdots}}}}=x$$

因为根号重重嵌套，多一个与少一个简直无分轩轾，显然就是 $\sqrt{1+x}=x$，两边平方，便得出 $1+x=x^2$，即 $x^2-x-1=0$，

解这个二次方程，由于 x 必然大于 1，从而可以求出

$$x=\dfrac{\sqrt{5}+1}{2}$$

当然上面的无穷根式是非常之美的。这样一来就难免激发起人们的兴趣,十之八九会追问一句:类似的根式还有没有呢?人好像天生就有一种模仿与推广的欲望,一件漂亮的时装,许多女人都想穿一穿。

印度天才数学家拉马努贾就发现了一个:

$$1 \times 3 = 1 \times \sqrt{1+2\sqrt{1+3\sqrt{1+4\sqrt{1+5\sqrt{1+6\sqrt{1+7\sqrt{\cdots}}}}}}}$$

当然它可以无穷无尽地写下去,由于篇幅所限,再加上排印起来也有困难,我们只好留下余地,适可而止,就此"刹车"了。

拉马努贾的一生很短暂,犹似彗星划过长空,又像是昙花一现。这位20世纪的数学怪杰,真是名副其实的"数的巫师"。随便什么样的数到了他手里,就会变得翻江倒海,光怪陆离,像叫花子耍弄的赤链蛇一般。难怪他被奉为印度的"国宝"了。

一条漏网之鱼

由于动迁的原因,整个地块"批租"给了外国人改造高档住宅,原有居民一律不准"回搬",因此我现在的住房面积达不到老家的三分之一,许多藏书只好捆扎起来,无法寻找,幸而我的记忆力相当好,许多久远之事,闭目一想,往往想得起来。

忽然想起了著名古典话本小说《三言二拍》上有一则故事:"时来风送滕王阁,运去雷轰荐福碑。"天打雷劈,一般人都认为倒霉透顶,但在有智慧的人看来,因此而触动灵感,有所发现,有所创造,倒也是因祸得福,不算什么坏事。

话说印度次大陆某铁路干线上有一块里程指示碑,上面写着3025千米。盛夏下午,酷热难耐,不知什么原因产生"蝴蝶效应",忽然刮起了一阵龙卷风,势不可当,路碑被拦腰斩断。说起来也真巧,这个四位数被一分为二。数学家卡普利加(Kaprekar)碰巧路过该地,临时停车。看到这幕景象,他突然心中一动,自言自语地说:"这个数好奇怪呀! 如把分成两段的数相加起来,30+25=55,而 55 的平方正好等于 3025,原数不是又重现了吗?"哈雷彗星的回归,被认为是天文界的盛事。看来,天下事无独有偶,数学上也有这种现象。

从此,这类奇怪的数目就被命名为卡普利加数,研究的人为数不少。毕竟,对于自然、人文的神奇现象,人们都喜闻乐见。也许,这正是号称"万物之灵"的人类天性吧。

寻觅卡普利加数的办法也是五花八门,无奇不有。从初等数学到高等数学,有的"阳春白雪",有的"下里巴人",各尽其妙。简直可以说是"八仙过海,各显神通"。

日本数学家藤村幸三郎与浅野英夫认为,不能用"大海捞针"的办法盲目寻找,必须大大缩小搜索空间,应该从 9 的倍数或 11 的倍数中去查找。遵循这种指导方针,工作量就可大大缩减。譬如说,很容易找到合适的候补者 45(9 的倍数),55(11 的倍数)与 99(9 与 11 的公倍数),而与之相应的平方数便是 2025,3025 与 9801 了。

不过,卡普利加数并不限于四位数,其他位数也有。美国数学家亨特(J. A. H. Hunter)就是一个近乎疯狂的着迷者。他本是一位化学家,后来居然变换门庭,改行成了数学家。为了学术,他干脆放弃了高薪与优厚待遇宁愿去坐冷板凳了(数学工作者比较清苦,欧美国家也不例外,甚至对比更加强烈)。

不过,卡普利加数并不简单,前人的研究也未"到顶",还有不少"漏网之鱼"。而其中的一条鱼,偏偏就是作者的老朋友 703(详见作者的其他文章)。

事实上,703=19 × 37,同 9 与 11 都毫无瓜葛,然而

$$703^2 = 494209$$

把这个六位数拦腰斩断,一分为二,

$$494+209=703$$

它又回归自身了。

还应指出,703 的补数 297(703 与 297 之和正好等于 1000)也是一个卡普利加数,事实上

$$297^2=88209$$

$$而 88+209=297$$

然而 $297=3 \times 9 \times 11$,却是 9 与 11 的公倍数。这就告诉人们,在搜寻卡普利加数时,千万不要忽视"补数"这一线索。

漏网之鱼,出现了,这使本文作者兴奋不已,于是就想学学姜太公,钓出更大的鱼。

远在天边,近在眼前,142857 这个趣味数学界对之相当熟悉的自然数,就是这样的一条"大鱼"。

事实上,

$$142857^2=20408122449$$

请看

$$\begin{array}{r} 20408 \\ + \ 122449 \\ \hline 142857 \end{array}$$

名下无虑,确实是个货真价实的"自身重现数"。

一不做,二不休,我们索性来求 142857 的补数,当然是 857143 啰,计算它的平方,当然麻烦一些,但也不难求出

$$857143^2=734694122449$$

把这个 12 位数"一分为二"后,马上就能得出

$$\begin{array}{r} 734594 \\ + \ 122449 \\ \hline 857143 \end{array}$$

果然一试而灵,又一条漏网大鱼钓出来了!

数的转圈舞

抗日战争期间我到过大后方,在贵州苗岭山、黔东以及毗邻的湘西一带都看到过带有强烈土风舞色彩的"三人转"。

奥妙的是,自然数里也有这种有趣的"三人转"现象。这样说,或许是太"拟人化"了,那么,就不妨改称为"三元轮转"吧。

在这种"轮转"中,7是唱主角的。请看,如果先画三个圆,分别填上1,4,2三个数(图1),再按照图上的箭头方向一连,就能组成14,42,21三个两位数,它们统统都是7的倍数。你说,巧不巧?

还可以再填上3,5,6三个数(图2),如法炮制,照顺时针方向箭头的指示,也能组成35,56和63这三个数,它们也都是7的倍数。

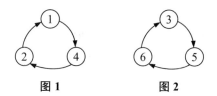

图1   图2

看过图1和图2之后,读者们就可自己来体验一下。在下面的图3、图4与图5中,自己动手来填空。要求所填的数目不能重复,而且相应的三个两位数都必须是7的倍数。

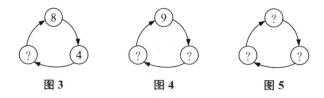

图3   图4   图5

当然这几道题目不算难,但答案不唯一,这就多少有点"开放题"的味道了!譬如说,图3的空白圆圈里,既可以填2,也可以填9。那么,图4和

图5,你又怎么填呢?

这种"三人转"的游戏,关系到可除性。那么,除了7很好玩之外,其他数字又怎样呢?

这个问题相当有趣,要详细讨论起来,需要花费不少笔墨。我们这里,只能略为做些提示。

对9来说,可以画出来的图不少,但不可能跳"三人转"的土风舞了,只能是两个舞伴的"交谊舞"。譬如说:像图6和图7那样。

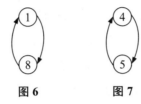

图6   图7

对3来说,则既有"三人转"的图(见图8)也有更复杂的情况,"六人转"(图9)那简直可以说是"集体舞"了。还应注意,顺时针与逆时针方向旋转都允许,因此连箭头都不必画了。而这一点,同7的情况是大大地不一样了。

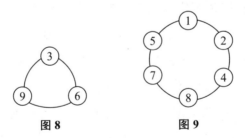

图8   图9

最后,值得一谈的是13这个被一般人视为不吉利的数(那当然是胡说八道,绝对不能相信),它同7非常相似,也具有"三人转"的特征,而且必须是有方向的旋转,见下面的图10和图11。

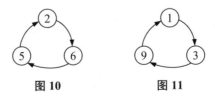

图10   图11

遗憾的是4,7,8,0画不出来,不符合条件,我们只好割爱了。

"金陵十二钗"图

陈晓旭女士削发为尼的消息曾经是新闻传媒的大热点,对她出家所引起的坊间传言,文化名人余秋雨先生做了很中肯的评论:"这是在一个缺少信仰的时代,一群不知信仰为何物的人在评说一个开始选择了信仰的人。没有信仰的人显得那么高人一等,议论风生,其实倒是真正的可怜人。"(引自2007年3月28日《申江服务导报》)

出家需要大智、大勇,对此我不想妄加评论。倒是上海一家大报的标题"我就是林黛玉"令人沉思:20年中,电视剧《红楼梦》被播放了700多次,女主角陈晓旭的恬静、秀美、忧郁、诗情、才华,简直同曹雪芹笔下的柔弱女子如出一辙。陈晓旭觉得自己能扮演林黛玉是因果、是缘分,"如果追溯到前世,也许会更奇妙,说不定我们本来就是同一人呢"。

"前世今生"是东方哲学的核心,正像美国人深信"外星来客"那样,但对一般人来说,终究属于子虚乌有的。也有人认为,两者的本质都是宇宙的根本大谜,渺小的人类最好不要轻率地加以否定。

众所周知,数是高度抽象、无所不在的,它不必依附于任何实体,而是可以游离出来的"灵魂"。5就是5,而不是5个人,5支蜡烛,5列火车,或者5支粉笔。即使人、蜡烛、火车、粉笔统统都消亡了,也损伤不了5的一根毫毛。由此看来,数是永恒的,万古常新的,这种现象只有在数的世界里才能看到,才能存在。

"颠倒增长"变换,以前从来没有听说过,它简直就是一个科学幻想作品。不过实际上却非常浅显易懂,即使小学生也能百分之百地完全理解。信不信由你,不妨当它是一个游戏好了。

变换的办法是把左右两个数字颠倒,然后再加上原来十位上的数。另

外,应把 7 看成 07,8 看成 08……随便举一个例子你就会恍然大悟:

48→84+4=88

箭头前面的两位数 48 不妨称为"前世",而箭头后面的两位数 88 就是"今生"了。那么,得到 88 之后,是否还能继续变下去呢? 当然能行! 它的"来世"是 96 嘛!

有意思的是,我得到了下面极其完美、极其对称的 7 的倍数轨道:

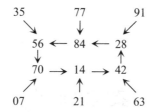

图中的 12 个两位数,全都是 7 的倍数。作为发现者的我,应该拥有命名的权力。由于我是一个痴迷的《红楼梦》读者,所以一得到此图,便不假思索地把它命名为"金陵十二钗"图。

在报纸刊登出它之前的所有中、外文数学书刊里是根本看不到这个图形的。道理很简单:①西方学者不懂东方哲学;②研究科学与艺术美的人缺乏想象力,不懂得科学美是一种深刻的美,冷峻的美;③"陈晓旭出家"只是最近才有的事,从前哪会有呢?

最后,请允许我从南宋大词人辛弃疾先生的《贺新郎》里摘录几句作为这篇短文的结束:

> 不恨古人吾不见,
> 恨古人不见吾狂耳!
> 知我者,二三子。

数学魔术与戏法

我回家来了

减法总是意味着失去一些东西。失落的钱财、拆迁的房屋、垮掉的婚姻，乃至逝去的亲人，这一切都会引起痛苦的回忆、沉重的哀思。为了弥补这种永恒的缺陷，人们总是千方百计地怀旧、追忆、缅怀……举行各种各样的仪式，例如烛光晚会、追思弥撒等等，名目繁多，难以尽述。

"万物皆数也"，在茫茫人海，滚滚红尘中，高度抽象的数，自然也会经历着种种剧烈的变化。如上所述，最意味深长的变换，莫过于"回到过去"，恢复原状的那一种了，难怪有人称之为"招魂术"。有位法国天文学家弗莱马里翁甚至大胆设想，有朝一日，人或许可以做超光速的宇宙航行，那时就有可能目睹过去的光景，重现昔日的荣华……

下文让我来介绍一种令人惊讶的"我回家来了"，你们不妨把它视为一种别开生面的魔术，或者一种新奇的猜数游戏。

请你的同伴随便选一个两位数（当然不告诉你是什么数，让你蒙在鼓里），然后要求他从这个数中任意减掉个一位数（从1到9，随便哪个都行），把差数乘上9，得出乘积之后，再加上原来选定的那个数目，把最后所得之和数告诉你。

经过高人指点调教过的你,随即将结果中的末位数加到前面的两位数上。于是,奇迹出现了,你同伴原先选定的两位数居然重新出现了,当然这一定会使你的同伴们惊讶不已。

不妨举个例子来说明一下。譬如说,开始选定的两位数是53,这个数是个素数,看起来毫无特色,一点都不起眼,将它减去6,再乘上9,便得到

$$（53-6）\times 9=423$$

将它加上原先选好的数53,便得到

$$423+53=476$$

现在你一听到报出来的数476,马上把6加到47上面去,立即猜到了他原先选定的数53,即

$$47+6=53$$

这个奇妙的魔术也完全适用于开始时选择一个三位数的情况,方法和步骤同上面完全一模一样。

我们不妨再举一个例。选什么样的三位数当然是完全任意的,现在就来选512吧,这是一个历史上难以忘怀的日期,在四川发生的一场惨绝人寰的8.0级、超过唐山的大地震。

从这个不幸的三位数512中减去7,得到的差数为505,乘以9之后,其乘积为

$$（512-7）\times 9=4545$$

在此基础上加上原数512,得

$$4545+512=5057$$

现在把末位的7加到505上去,不是又得回512吗?

魔术表演完了,令人惊讶不已。但其中的奥妙在哪里呢?你能找出其中所蕴含的玄机吗?

据我回忆,它的起源非常古老,但缺乏文字记载。据说它同京戏《蝴蝶梦》《大劈棺》等庄子戏有关。当年在清朝宫廷里以及"钦天监"等处任职的法国传教士精通中国古文与老庄哲学、道家学说,给它起了一个悲怆而阴

暗的名字"Je Revenir"（法文），意思就是："我回来了"！

经过笔者的深入研究与探讨，其真相已经大白于世。

速 算 表 演

1997年秋，上海市举办科技节。在这次科技节的一个国际性研讨会的间隙，我即兴为与会的外国专家们表演了一个"速算"的魔术。

我请观众随便挑出两个数，然后把两数相加，得出第三数，再将第二数同第三数相加，得出第四数……，就这样以此类推，一直算下去，直到得出第十数为止。当然，这十个数是必须公开亮相的，以防止作弊。最后把十个数统统相加起来，求出它们的和。

我说："求这十个数的和，大家随便用什么手段都行，笔算、心算，甚至使用袖珍计算器。"

我刚说完，有位外国友人便说："好极了，既然如此，今天正好是11月15日，我就用11与15来试一试。"接着，他就落笔如飞，迅速地写出了一道加法算式：

$$11+15+26+41+67+108+175+283+458+741=?$$

这些数目看起来乱七八糟，毫无规律可言。把它们相加起来，虽然并不十分困难，但总得耗费一些时间吧！

岂知我只望了一眼便说出了答数：1925。

场上观众经过验算，毫厘不差。

观众们啧啧称奇，不信者也大有人在，他们便用别的数目来试。

有个人用含有负数的来试，例如：

$$-4,3,-1,2,1,3,4,7,11,18$$

我一口就说出了44。

毕竟是意大利人比较高明，他是位化学家，但认出了该数列是他们的

"国粹"斐波纳奇数列(也叫兔子数列),他索性就用最正宗的数目来试验:

$$1,1,2,3,5,8,13,21,34,55$$

但是,他刚报完第十个数目 55,我就不假思索地说出了和数是 143。

大家不停地拍手叫绝。有人问我,速算的窍门在哪里呢?

我说:"挺简单! 所有的数不是都要亮相吗? 你只要把第七数瞅上一眼,然后把它乘以 11,所得的积就是答数了! 正确率为百分之百,这可是用严格的数学方法证明过的!"

所谓严格的证法,其实也不过稍为用一点代数而已,

你先把数列

$$f_1 + f_2 + f_3 + f_4 + f_5 + f_6 + f_7 + f_8 + f_9 + f_{10}$$

写出来,然后遵循思路

"两头往中间挤,
中心开花结硕果"

就能一举证出,明白了吗?

模仿不如创新:圆周率的新魔术

多年以前,有位科学界的老前辈、著名桥梁工程专家在学术讨论会的会议休息时间,为了活跃会场气氛而即兴表演了一手"绝活":毫无差错地一口气背出了长达一百位数字的圆周率π,镇住了在场的所有人士。

后来这种事被传为美谈,许多望子成龙的家长都逼着小孩子"重复、重复、再重复"地依样画葫芦,要孩子们几十位,几百位地死记硬背。

其实,在大多数实际应用中,圆周率π根本不需要那么多位数。只有当新造好一台超高速大型通用电子计算机时,才会让它去计算非常精确的π值,以此来检验这台计算机的功能和运算速度,以及π新算法的有效性。这

时候，把π值算到一百位又显得远远不够了，至少几百万、几千万位，乃至上亿位的数值都不在话下了。在这方面，日本东京大学的金田康正教授曾有过惊人的纪录。

"重复、重复、再重复"的硬背方法对于学外语、记单词、学古文、背诗词也许有点明显效果，但学习数学主要还是要靠理解和举一反三的联想能力与发散思维，背圆周率充其量只能作为数学爱好者的一种游戏，绝不能当作学数学的能力测试。

既然提到圆周率π，倒也不妨借它来变个数学魔术。这魔术有两个角色，一个是π，另一个是数17。17是个素数（又叫质数），这个数看上去不起眼，却改变了一位名叫高斯的德国青年的命运。高斯（Gauss，1777—1855）原来想当个作家，但他在18岁时发明了用圆规和直尺作正17边形的方法，从而解决了2000多年来悬而未决的一道数学难题，从此他就献身于数学，成为历史上最伟大的数学家之一。他在德国是位家喻户晓的人物，在"冷战"时期，德国统一之前，无论民主德国还是联邦德国，在他们发行的货币（钞票）——"马克"上都印着高斯的头像。

现在让我们把π请回来，但不需要那个拖着一百位长尾巴的π，可以一刀去掉93位，只留下7位就够用了：3.141592。

去掉小数点，只取七位有效数字，接下来再将它重写一遍，但在连接处插进去一个0，这样一来，我们就得到了一个15位数314159203141592。你说这个15位数，能被17正好除尽，没有余数吗？

你大概不会相信："哪有这样凑巧？"好比买彩票中头奖，概率实在太低了。

那就请你真刀真枪地算一下吧。事实证明，确实是能够除尽的，商数是18479953125976。

再来个举一反三，π的真值是 3.141592653579893……上面取的是它的截断近似值，倘若用"四舍五入法"，通常应是3.141593，末位上应该产生了误差。

现在还是按照上面的办法来"故伎重演",去小数点,重复,在连接的地方插入一个 0,然后再除以 17,请问:新的 15 位数能够被 17 整除吗?

这一次,连聪明人甚至数学成绩特别优秀的"尖子"也被蒙住了。他们认为,不是有大名鼎鼎的"蝴蝶效应"吗?"失之毫厘,差之千里",于是他们极有把握地做出判断:"肯定除不尽的,一定会留下余数。"

然而,他们又错了!依旧能够除尽,不信,你可以试试。事实上,他们错误地理解了"蝴蝶效应",巴西的一只蝴蝶偶尔挥舞翅膀,可能会在美国得克萨斯州刮起一场倒屋伤人的龙卷风,但也可能什么事情都没有发生,一切如常。

这个小魔术的诀窍在于把两个七位数连接起来的 0。有人说过:0 是宇宙间最奇妙的数。恐怕此言非虚,若不相信,你可以把"连接器"换成 1,2,3,4,5,6,7,8,9,逐一试过,统统都不能使整个十五位数被 17 整除。

你说,玩这样的魔术要比死记硬背圆周率更有趣吧!

骨牌排出乘法算式

中国的麻将,西方的骨牌,只要不用于赌博,就可以认为与象棋、围棋、扑克一样,是普通的娱乐用品,不是赌具。

西方的骨牌又叫"多米诺",其中蕴含着不少数学原理,因此在德、法、美、英、西、意等许多国家的中、小学教材与科普读物里,都不乏这一题材,甚至包括苏联出版的书刊。"多米诺效应"也成为西方新闻界常用的一个名词。

西方的骨牌与中国的牙牌(又称"牌九")主要存在着两大区别:

其一是没有重复的牌(中国的"天、地、人、我"四种牌,每种都有两张);

其二是有 0 点。

由此可知,全副骨牌有如下各种牌:

0—0（1张）

1—0,1—1（2张）

2—0,2—1,2—2（3张）

3—0,3—1,3—2,3—3（4张）

4—0,4—1,4—2,4—3,4—4（5张）

5—0,5—1,5—2,5—3,5—4,5—5（6张）

6—0,6—1,6—2,6—3,6—4,6—5,6—6（7张）

全副骨牌共有 1+2+3+4+5+6+7=28（张），而 28 是数学上的一个"完全数"。正因为如此，骨牌似乎"骨子"里就浸透了数学的血液，使西方不少数学家从小就迷恋上了。

法国大数学家柳卡小时候顽皮成性，跌、打、滚、爬无所不为，是一个让老师头痛、屡教不改的顽童和"玩家"。他有一天忽然心血来潮起来，想用4张骨牌拼出一个乘法等式（省略乘号，记在心中就行）。他认为，既然 28÷4=7，那么，全副骨牌就应该能排出 7 个乘法等式。

话虽如此，说起来容易，做起来倒也有点难度。柳卡屡战屡败，但他坚持到底，果然做到了。动手做有了成果，他喜不自胜，下面就是他的答案：

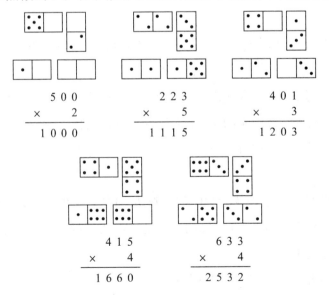

$$\begin{array}{r} 500 \\ \times\ 2 \\ \hline 1000 \end{array} \qquad \begin{array}{r} 223 \\ \times\ 5 \\ \hline 1115 \end{array} \qquad \begin{array}{r} 401 \\ \times\ 3 \\ \hline 1203 \end{array}$$

$$\begin{array}{r} 415 \\ \times\ 4 \\ \hline 1660 \end{array} \qquad \begin{array}{r} 633 \\ \times\ 4 \\ \hline 2532 \end{array}$$

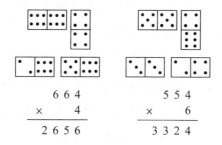

$$\begin{array}{r} 664 \\ \times \quad 4 \\ \hline 2656 \end{array} \qquad \begin{array}{r} 554 \\ \times \quad 6 \\ \hline 3324 \end{array}$$

7个乘积的总和等于13490,其因式分解为:

$$2 \times 5 \times 19 \times 71$$

其中竟会有素因子19与71,也是人们很难想到的。

柳卡并未排除本问题还有其他解法的可能,但因他嗜赌成性,又忙于其他公私事务,抽不出时间再去研究,只好把它作为一个"开放题"留给后人了。

耳朵猜数

"耳朵猜数"不是特异功能,而是一种魔术,稍为下点功夫,人人都能学会。

美国数学科普大师马丁·加德纳被许多人视为"数学教父"。甚至20世纪的许多杰出数学家在他们成名之前也是靠他吹嘘的,例如"生命游戏"的发明者,英国剑桥大学教授约翰·康威等学者,加德纳先生真是"桃李满天下",受到人们无限尊敬。

大师70岁生日时,学生们为他举办了隆重的祝寿活动。席上,大师兴致大发,竟然当众表演了"耳朵猜数"的戏法,把祝寿活动推向了高潮。

表演的工具是一颗骰子,这东西极为普通,中、西各国都一样。在它的各个表面上都刻着点数:1,2,3,4,5,6;相对的面上点数之和是7点。据说,骰子的制造与点数布局全都起源于中国。把骰子放在圆台面上,每次翻转90°,点数就改变一次。

开始表演之前，大师要求大家在圆桌上转个 90°，每转一次就喊一声"转"。当骰子朝上的一面转出 1 点时，要叫一声 1。

接下来是说明转法，必须分清奇、偶。骰子朝上一面的点数为奇数时，必须向前转 90°；上面的点数为偶数时，必须向左转 90°，照章办事，不得有误。

在大家都弄明白这些规定之后，大师就转过身子，背向大家，不看骰子，只听声音："1"或"转"。至于究竟是向前转还是向左转，当然是绝对心照不宣，不准透露的。

听了一会儿，奇迹出现了：加德纳先生每听到一声"转"字，马上就能脱口说出骰子面上的点数，毫不迟疑，百发百中！

大家觉得十分惊讶，莫非大师真有过人的本领？对此，加德纳先生似乎有所觉察，只是轻描淡写地说了一句："先乱后治，周期重复"，就道破了其中的奥秘。

现在让我们来解释一下。听到 1 的时候，按规定要向前翻转 90°。但由于同 1 点接壤的表面有四种可能：2 点，3 点，4 点和 5 点，我们吃不准面上出现的，究竟是哪一个点数。

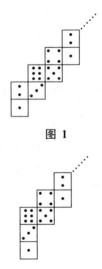

假定出现的是点数 2，那么，向左转 90°的结果，必然使 3 点在上，而以后面上出现的点数，必将按照下列顺序，如果从头写下来，便是：

1，2，3，6，5，4，1，2，3，6，5，4…（图 1）。

如果在 1 的后面出现的是 3 点，则上面的点数出现的顺序应是

1，3，6，5，4，1，2…（图 2）。

但随着 1，2 的出现，以后也将按正常的轨道 1，2，3，6，5，4 不断重复了。

倘若在 1 的后面出现了 4 点当家的局面，则其后将会出现

1，4，2，3，6，5，4，1，2…

图 1

图 2

的变化规律来进行,再后来也仍是按 1,2,3,6,5,4 的规律做周期性的重复。到此地步,我们已经基本掌握了不断重复的主旋律 1,2,3,6,5,4(图 3 与图 4)。

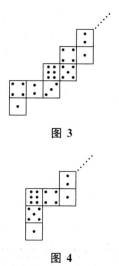

图 3

既然已经摸清楚了规律,说不说已经关系不大了。不过,为了完整起见,我们不妨来一个"送佛送到西",像说书先生,从开篇说到结局。

如果在 1 的后面出现的是 5 点,那么面上的点数将按

1,5,6,4,1,2…的顺序出现(图 4),再接下去,依然是按 1,2,3,6,5,4 的规律行事。

图 4

通过以上分析可知,不管出现哪一种情况,少则 0 次,多则 6 次,最后都会进入 1,2,3,6,5,4 这个不变的运行轨道中去。

所以,只要在听到"1"以后,最多听到 6 声"转",接下来再听到"1"时,就可以照规律猜点数了。第二次听到"1"之后,表明已经"拨乱反正",接着说 2,3,6,5,4 就是万无一失了。

最后再说一下,1,2,3,6,5,4 这个规律也是很好记的,你只要先默记 1,2,3,4,5,6,前三个数不动,后三个数颠倒一下。它将是终生记忆,永远忘不了的。

鬼使神差

民工子弟小学的一个班级上,老师正在点名。喊到了张三,张三应声起立,说了声"到";叫到李四,李四答话"有"。这种"随叫随到"的现象,我们完全可以用扑克牌来模拟,而且肯定能让大家惊奇万分,拍手叫好。

在正式表演扑克戏法之前,不妨先请一位公证人来检查,但公证人只

能看,不能动手,否则戏法不灵,魔术家概不负责。

公证人当众报告,从一副扑克牌中,抽出的 13 张"黑桃"纸牌(当然,改用别的花色方块、鸡心或草头也是完全可以的),的确是"一团乱麻",毫无规律可言。他的话一说完,表演就正式开始了。

魔术家把 13 张牌拿在手里,牌面朝下。随即说了声"1",翻开第一张牌,果然是 A,然后把它放在桌上不动,这表示,A 已经前来报到了。

继续报数,只见他喊了声"1",一面喊,一面把这张牌放到一叠纸牌的下面去,接着喊"2"。喊声刚毕,随后把牌翻出来"示众",竟然是一张黑桃 2。

接着他又重复地进行操作,还是老办法:1,2,3 地喊,前两张牌依次传递到一叠牌的下面,翻开第三张牌放到桌上。众目睽睽,那张亮相的牌真的是 3。

随后他继续做这样表演,口中念念有词,1,2,3,4⋯n 地喊叫,喊到 n 时,n 就应声"报到"。

到了最后阶段,魔术家手中只剩下三张牌了:J(11 点),Q(12 点),K(13 点),规则一如既往,仍然有效。

整个游戏过程完全是"暗箱操作",结果却是丝毫不乱,13 张牌依序前来报到。冥冥之中似有定数,这不是"鬼使神差"吗?

你想知道其中的奥妙吗?

表面混沌,实质有序,戏法的精彩和诱人魅力兴许就在这里。众所周知,孩子们学习数学,正是从扳指头计数开始的:1,2,3,4,5,6,7,8,9⋯所以"鬼使神差"的扑克戏法正如马丁·加德纳所说:从 3 岁到 80 岁,人人都会拍手叫好。

当然,为了"随叫随到",扑克牌的排列顺序是需要一番精心设计的。纸牌从上到下,必须按照下列顺序摆放:

$$K,6,7,4,9,J,Q,3,10,5,2,8,A$$

然后把它翻个身,使牌面朝下,就可以拿来表演了。上述排列顺序不得丝

毫错乱,否则莫怪戏法不灵。

许多人认为,这种巧妙设计需要花费不少时间去进行实验,并经历一错再错,翻来覆去加以修改的过程。其实并非如此,存在着一个化繁为简的窍门,叫作"时间反演算法"。为什么斯蒂芬·霍金能说出"大爆炸"以后几分钟宇宙的状态? 其秘密就在于可以追溯往昔时光的"时间反演"。

记得我第一次看到这个戏法是在全面抗日战争时期(1937年7月7日—1945年8月15日)大后方的四川丰都县。不过,道具并不是扑克牌,而是神秘色彩非常浓厚的"纸马"(目前大概在贵州和云南尚能见到,常与"傩""面具"等在赶集时出现,被视为"非物质文化遗产",也有人不以为然,存在着一定的争议),还起了个十分怪异的名称,叫作"阎王爷点名"。据说阎罗大王在森罗殿上问案,传唤皇帝老子,喊到嬴政(秦始皇)、刘彻(汉武帝)、李世民(唐太宗)、朱棣(明成祖)等,那些曾经不可一世的人物都在殿下战战兢兢地向阎王爷"报到"了。

在东、西方一些数学比较发达的国家,这种游戏也花样翻新,名目繁多,有时名叫"继子立",有时又称"约瑟夫斯问题",历史相当久远。不过,在我看到这些外国文献时,已到了抗战后期,我的外文基础已经相当不错了。美国数学科普名家马丁·加德纳先生对它也极为垂青,众所周知,他本人就是一位身手不凡、出神入化的魔术家。

可惜在把先生的著作引进中国时,由于某些译者本身不懂魔术,书上出现了不少错误,如果照书上的话去做,戏法当然不灵。不但吸引不了观众,反使表演者本人出足洋相。从而证实了南宋爱国诗人陆游(字放翁)的一句名言:

"纸上得来终觉浅,绝知此事要躬行。"

打 擂 台

所谓"打擂台",其实是比赛的一种特殊形式。许多武侠小说名家把它写得有声有色,如火如荼,以此吸引了大量读者。

"打擂台"这种形式,在数学的发展史上也曾起过不小的作用,这是许多中外数学史研究家们一致认同的。

中世纪后期,意大利成为"文艺复兴"的风口浪尖,出过不少一流数学家,真是强手如林。他们往往身怀绝技,但藏而不露。然而纸包不住火,消息总会泄漏。于是"花香引蝶来"各路英雄好汉闻风而至,他们泥沙俱下,既有"拜师者",也有"偷拳人"。

当时的数学高手们大都文人相轻,互不服气,喜欢互相比本领,如同武林高手那样,一定要分个高下。比武的办法一般是两人对阵,每人各出若干道难题让对方去解答,解题多的为赢家。失败者脸上无光,灰溜溜的,学生们也脚底抹油,不告而别。胜利者却是红光满面,得意扬扬,弟子增多,钱袋鼓起。这就很像中国古代绿林好汉的"打擂台"了。

数学史上赫赫有名的"三次方程"打擂故事,曾让大家津津乐道。"口吃者"塔尔塔利亚宣布自己找到了三次方程的解法,有人听了不服气,认为他吹牛,要求公开较量。公元1535年,菲奥尔上门挑战,擂台就设在著名的水城威尼斯。两人各向对方提出30个问题,结果"口吃者"在两小时内解决了菲奥尔的全部问题,而菲奥尔却解不出塔尔塔利亚所提的任何一个问题。于是,"口吃者"大获全胜,挑战者一败涂地。

现在也有一个"七巧数组"游戏,可以用擂台赛的形式进行。参赛者可以是一对一,也可以是二对二(主攻手与副攻手,或者男、女混合双打),甚至是集体对抗(例如每组5~10人,分成两组对垒),时间可长可短,主要由题目多少来定。

众所周知，无论东、西方各国，大家都公认 7 是一个非常重要的自然数。中国古代有"北斗七星""七步成章""竹林七贤"，明代文人有所谓"前七子"，"后七子"，智力玩具中有大名鼎鼎的"七巧板"。在西方，7 的重要性也毫不逊色，每星期有七天，白雪公主与七个小矮人，还有家喻户晓的长诗："今有七个老太婆，一道动身去罗马……"等等，多得简直无法——列举。

7 的整除性问题尽管没有三次方程那样复杂、难解，但是仍极其令人关注。它同 2、3、4、5、6、8、9、10、11、12…不一样，迄今为止，没有任何国家把 7 的整除性列入中、小学数学教学大纲中去，教材对它也是避而不谈。

前几年，美国纽约的一位精神病医师里昂斯先生声称他发现了一种简单而有效的测试法，可以解决多位数能否被 7 整除的问题，一时声名鹊起，许多很有分量的教材、畅销书上都介绍了他的办法。可惜他的方法实际上不符合同余变换原理，尽管这位先生与韩国的黄禹锡不同，并非存心造假，仍然是站不住脚的。书上所发表的他的数据与"正确"结论仅仅只是"瞎猫撞到死老鼠——纯属巧合"。只要稍为变更一下数据，他的办法就不灵了。令人遗憾的是，尽管有多位名家审阅过，但还是没有看出它的破绽与漏洞，仍然放它"过关"了。看来，光凭头衔、名望，并不认真审阅，确已成为学术界的一项积重难返、难以治愈的"痼疾"了。

本文作者在南京金陵饭店召开的数学文化节以及有关学报与《自然》杂志上发表过一篇深入浅出的文章，彻底解决了这个困扰人们已久的问题，从而为全世界的中、小学数学教育献上了一份不算菲薄的礼物，但毕竟数学文化节的参加者人数非常有限，学报的销路也不广，知晓的人还是不多，真是很可惜。李鬼打倒李逵，假货风行天下，真货反而默默无闻，实在太遗憾了。

其实，我的方法极其简明易学，任何人都可以一学就会。认真执行起来，并不比其他数字(3、4、5、6、8、9、11…)的整除性判别法困难多少。另外，它还有一个突出的优点，如果所举的数字不能被 7 整除时，用了我的方法，可以立即给出它的余数。

下面略举二例加以说明。

例一，试判别四位数 1225 能否被 7 整除？

把此数分为前、后两段，中间用一条竖直线隔开，也可以根本不用，心照不宣，自己掌握。（对心算熟练者可用后一种办法）

划竖线，即 12|25

接着，把前段的 12"翻一番"，加到后段上去，于是马上得出 12 × 2+25=49

由于 49=7 × 7，所以立即可以判定 1225 一定能被 7 整除。

若原数为三位数，也可仿此办理。那时，前段只有一位，做起来自然更加简易。

例二，试问 2314 能否被 7 整除，若不能整除，余数为几？

不必列出算式，把 23 翻倍后加到 14 上去，结果为 60，谁都知道，由乘法口诀"七八五十六"，所以余数为 4。事实上，原数 2314 除以 7 时，余数确实是 4。用本法判断，绝对准确！

怎样采用高明手法排斥吕纯阳？

"八仙过海，各显神通"是经常挂在人们嘴边的习惯用语。总而言之，"八仙"是我国民间喜闻乐见的神话传说，通过口头与文字，一代又一代地流传至今。除了"明八仙"，还有"暗八仙"。西安市郊，甚至还有个"八仙庵"的地名，我在西安工作时，经常走过那里。

吕洞宾也叫吕纯阳，他是"八仙"中的头号活动分子。不过，由于他风流成性，道心不纯，一些老成持重的仙家元老对他评价不高，深具戒心，在各种场合都要设置障碍，存心排挤，使他当不成"群龙之首"。他们又是怎样采用貌似最公正的掷骰、抽签办法来达到这一不可告人的目的？下面且听在下慢慢道来。

话说"僧道斗法"的故事由来已久。"道"的一方似乎总是法力不够，经常落在后面，处于下风地位。在"海天佛国"的浙江普陀山等处就流传着一则民间神话。据说有一天，汉钟离、韩湘子、张果老、铁拐李、蓝采和、何仙姑、吕洞宾、曹国舅等八位仙人一道去瑶池，祝贺西王母的一百万岁大寿。王母娘娘彬彬有礼地接待这些仙家，正要让他们在一张八仙桌旁坐下时，有一件事却使她十分为难起来。按礼节她应该让八仙的头儿首先入席，但谁是八仙之首呢？玉皇香案吏（相当于玉皇大帝的"人事科长"）倒是十分了解王母娘娘的难处，想出了一个非常公平合理的好办法。他对八位大仙说："在下对你们各位仙长一视同仁，毫无成见。由我来安排你们的座位，再合适也没有了。请你们先排成一个圆圈，我请王母娘娘来掷两颗骰子。看看一共掷出几点，就按这个点数，从第一人开始数起，依次数到这个点数时，这位仙长就排除在外，请他出去。就这样周而复始，最后留下谁，谁就是八仙之首，任期一万年，让他先入席。"大家一听这个办法，立即拍手赞成，王母娘娘也点点头，欣然同意了。

观世音菩萨却认为吕洞宾这个人心不够诚，缺点不少，不能让他当上八仙之首，便在王母耳边嘀咕了一番。王母娘娘笑道："菩萨不必担心。骰子掷出的点数纯属偶然，他只有 $\frac{1}{8}$ 的机会，未必能当得上八仙的第一把手啊。"观世音摇摇头说："不行，我非要把他绝对排除在外，要使他无论如何当不上八仙之首。"西王母听了此言，觉得事情很难办。因为话已出口，驷马难追，怎么能反悔呢？倒是观世音说："现在还来得及想个补救办法，反正他们的位置均由玉皇香案吏安排就座。待我告诉他，把吕洞宾安排坐在某一个位置上，使得从某个位置开始，按顺时针方向点数时，不管两颗骰子掷出点数之和是几点，他总是会在中途被排除，永远当不成八仙的首脑。"王母娘娘和玉皇香案吏听后大喜，一致赞成。当下依计行事。果然是由于菩萨的大智大慧与不可思议的洞察力，结果，天从人愿，吕洞宾真是受到了排挤，没有当成八仙之首。

现在倒要请读者们想想看，玉皇香案吏听从指点，究竟把吕洞宾安排在什么位置上？

请看下图,吕洞宾被安排在位置 B 上。点数则从 A 开始,按顺时针方向进行。奥妙的是,在 B 这个位置上,无论两颗骰子一共掷出几点,吕洞宾总是或迟或早地被排除出圈子,当不上八仙的头儿。

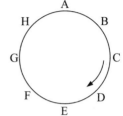

谁都知道,两颗骰子的点数之和可以是 2,3,…,11,12,共有 11 种可能性。现在不妨请大家来实验一下,按照掷出的某个点数之和,给出各位神仙被淘汰的先后顺序,详见下面的明细账。

二点时的出局顺序:B D F H C G E　　最后留下 A

三点时的出局顺序:C D A E B H D　　最后留下 G

四点时的出局顺序:D H E B A C G　　最后留下 F

五点时的出局顺序:E B H G A D F　　最后留下 C

六点时的出局顺序:F D C E H G B　　最后留下 A

七点时的出局顺序:G F H B E A C　　最后留下 D

八点时的出局顺序:H A C F E B G　　最后留下 D

九点时的出局顺序:A C F D E B G　　最后留下 H

十点时的出局顺序:B E A H D F C　　最后留下 G

十一点时的出局顺序:C G E F B H A　　最后留下 D

十二点时的出局顺序:D A H C B G F　　最后留下 E

有趣的是,人们将会发现,不管骰子掷出几点,坐在 A、C、D、E、F、G、H 位置上的仙人都有可能被最后留下来,唯独 B 位置上的仙人一定会被淘汰掉,绝不可能留下来。在这种意义下,我们如果说 B 是"最倒霉"的位置,也并不算说过了头。

由此可见,这则民间故事里头蕴藏着很深刻的寓意。偶然之中有必然,研究战胜偶然性的对策,这在"博弈论"中是一个崭新的课题,它已引起了数学家们的密切注意。

真是"人定胜天"啊!未来的人类社会也许不亚于昔日的神仙世界,有许多好戏可看的。

数学之美

音乐促进数学

一份近日发表的研究报告显示,弹钢琴和玩交互式电脑游戏,可以帮助二年级的孩子解答比他们大4岁的孩子也难以解决的数学问题。

许多经验丰富的音乐教师一直认为学习乐器可以帮助孩子提高在校的成绩,而现在美国加州大学伊尔凡恩(Irvine)分校所进行的一项研究证明,音乐和计算机键盘对孩子的考试成绩有极大的促进作用。

在研究中,他们给一群学生玩带有直观数学问题的计算机游戏,并教给学生弹钢琴的基本知识。然后,将上述两种因素融会到二年级学生的数学课本中,帮助学生掌握诸如分数和比例等概念。4个月后,这群接受了钢琴和电脑游戏教育的小孩在比例和分数上的学习成绩比其他小孩要高出27%,而比例和分数等概念,通常要到小学六年级才介绍给学生。

该报告写道:"音乐使人强调在空间和时间中思考。当学生们学习节奏时,他们也就学习了分数和比例,而当他们在键盘上练习时,听力的空间,就清楚地用视觉的形象表达了出来。"

这次调研历时4个月,而以前的研究即已显示,音乐能使处理数学、建筑和工程问题的空间概念技能,达到中高以上的水平。

数学家爱好音乐,在国内外屡见报道,这已经是个不争的事实。

在世界科普名著《生活科学文库》的《数学》分册中,刊出了一幅令人印象特别深刻的照片,名叫《相对论的诞生地》,背景是瑞士联邦伯尔尼市的爱因斯坦家中的一角。他从瑞士专利局下班回来之后,就在这个"安乐窝"里玩弄他的小提琴,练习莫扎特的乐曲,一面休息,一面苦心完成他的相对论大作。

熟悉钢琴和手风琴的音乐爱好者都知道,西洋键盘乐器是按照十二平均律设计制造的:7个白键和5个黑键之间半音音程的频率比完全均等。人类探索和创造十二平均律经历了2000多年的漫长岁月,而首先解决这个重大课题的人是我国明代学者朱载堉(yù),他是明太祖朱元璋的九世孙。

朱载堉毕生从事于数学与乐律的研究。当时根本没有计算机等现代化手段,计算非常艰难。他曾运用81档的大算盘,使计算出来的数字精确到小数点后的第25位,得出了$\sqrt[12]{2} \approx 1.059\ 463\ 094\cdots$,朱先生的研究成果和音乐理论在明朝万历年间传入欧洲,被认为是音乐界的一颗熠(yì)熠明星。

复旦大学数学系教授崔明奇先生(已故)是我国科普界的一位元老。他曾写过一篇很出色的文章《数学与音乐》,刊登在20世纪50年代的《科学画报》上,至今看起来还是风味隽永,弦歌之声,如在耳际。

数学家的简笔画

数学家们一般都不善于绘画,可是有时候他们的简笔画(甚至可以说是线条画)却非常传神,图1这幅怪里怪气的画便是当代大数学家康威(J.H.Conway)的作品。

他的画不但具有特殊的风格,甚至可以用来做博弈的游戏。图1是男孩和女孩在打网球。构成女孩的线条有14条,而男孩只有11条。让他们两人轮流走,每走一步砍去一条线段。由于14−11=3,所以女孩具有明显的优势,不论先走还是后走,到男孩的线条统统被砍光时,女孩还能走,所以女孩可赢。

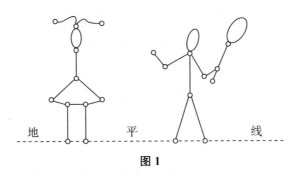

图1

图2则是世界著名儿童文学作家,英国牛津大学的数学家刘易士·卡洛尔先生笔下的一对奇怪的双胞胎兄弟,名叫"半斤"与"八两"(中国古代规定,1斤=16两,所以半斤=八两),他们长得一模一样,眼睛、鼻子、耳朵、眉毛看上去毫无区别。不难看出,构成他们的线条数也是完全相等的了。

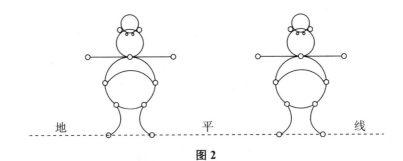

图2

常言道"先下手为强",如果让这对双胞胎兄弟玩上面的游戏,先走的一方大概总是可以赢了吧。不,恰恰相反,实际情况却是后走的一方必胜。

这就是所谓"后发制人",办法挺简单,就是"依样画葫芦",你走一步,我完全照你的样子来照搬照套,好像"照镜子"一样。最后出现的情况是:双方你一步,我一步,把图中的线条完全砍光,这时再轮到先走的一方走时,他已无法行动了,只好认输。

有一本世界数学名著叫《稳操胜券》,书中充满了这种怪里怪气的图,它是由埃尔温·伯莱坎普、约翰·康威与理查德·盖伊当代三位著名数学家、终身教授合写的。上下两大册,合计多达 137.9 万余字,堪称皇皇巨著,当年我正是由于被这种简笔画深深吸引住,而独力完成了这部巨著的翻译,前后历经十余载光阴,终于出版了。

2006 年秋,原书的第一作者伯莱坎普教授应邀来华讲学,专程前来拜访我,以表达他的谢意。我本来想"回敬"他一套丰子恺的漫画集,可惜由于故居拆迁,在搬家时丢失了不少图书物品,已经无书可送了。

阴阳宝塔

南翔馒头、嘉兴粽子、芝麻汤团、韭菜水饺……都是驰名中外的美味小吃,它们不仅是味道"好极了",而且价钱便宜。这类食品中,若论品种之多,选料之精,无疑当推南京夫子庙为第一,难怪台湾的国民党名誉主席连战先生也赞不绝口。

上述食品都有一个共同特点,中间有"心子"。这使我顿然想起,早在小学读书时代,我就对夹在数目字中间的"馅子"产生了浓厚兴趣,这可是教科书中根本没有的东西。

如果把我的姓名用繁体字书写出来,正好是 35 画。35 当然是 7 的倍数,然而 3+5=8,8 却不是 7 的倍数。现在把 8 夹在 3 与 5 的中间做"心子",得出来的 385 居然能被 7 整除。

就像胃口好的人吃粽子要用高邮"双黄蛋"一样,我干脆一不做,二不休,在"心子"里加进了两个 8,不出所料,3885 依旧能被 7 整除。这一来,顿然使我信心倍增,从而再接再厉,乘胜前进,信手挥写,轻而易举地造出了一座"数学宝塔"。

$$35 \div 7 = 5$$
$$385 \div 7 = 55$$
$$3885 \div 7 = 555$$
$$38885 \div 7 = 5555$$
$$388885 \div 7 = 55555$$
$$\cdots$$

这类宝塔当然很多很多。例如 $231 \div 7$，夹在中间的 $3=1+2$……举一反三，同学们也可以试着写一写。

有些"怪人"吃粽子，喜欢又甜又咸，同时并吃，可谓"别有一功"，晚清扬州名士，号称"对联圣手"的吉亮工（曾当过袁世凯的家庭教师）就是如此，我也是这种怪人之一。于是，有一天异想天开，居然被我想出了"阴阳数字宝塔"。谁都知道，$42 = 6 \times 7$，而 $4+2=6$，现在来一个如法炮制，462 能被 7 整除，当然是不成问题的事。然而，我现在要来变换一下，由于

$$6 - 7 = -1$$

（读作负 1，是负数的单位，在下面算式中写成 $\bar{1}$），把 -1 夹在里面做"馅子"，这样一来，$4\bar{1}2$（实际上就是 392 的"乔装改扮"）仍然是可以被 7 正好除尽的。

不仅如此，一直进行下去，还可以造出一座怪里怪气的"阴阳宝塔"来：

$$4\bar{1}2$$
$$4\bar{1}\bar{1}2$$
$$4\bar{1}\bar{1}\bar{1}2$$
$$4\bar{1}\bar{1}\bar{1}\bar{1}2$$
$$\cdots$$

这样一直下去，直到无限。

学过对数之后，读者们就会发现，以上这样的写法并没有什么不妥当。常言道"见怪不怪，其怪自败"，便是这个道理。

扩建宝塔

大科学家一般都很谦虚。牛顿就曾把自己说成是一个在海滩上拾贝壳的小男孩，还讲过一句名言："我之所以会有一些微薄成就，那是因为我站在巨人的肩膀上。"科学技术总是在不断地继承与发展，"青出于蓝而胜于蓝"，"长江后浪推前浪，一代新人胜旧人"是历史发展的必然规律。

前几年，我应邀到杭州去讲学。有一天，科普报告结束之后，一位羞怯的小姑娘走上台来，给我看了发表在某著名杂志上，还曾被多次引用和转抄的一篇文章，名为"八层宝塔"！

$$1 \times 8+1=9$$
$$12 \times 8+2=98$$
$$123 \times 8+3=987$$
$$1234 \times 8+4=9876$$
$$12345 \times 8+5=98765$$
$$123456 \times 8+6=987654$$
$$1234567 \times 8+7=9876543$$
$$12345678 \times 8+8=98765432$$

她问我："宝塔层数一般都是奇数。灵隐寺里的老和尚，经常劝人行善，挂在嘴边的一句口头禅就是'救人一命，胜造七级浮屠'。我喜欢收藏邮票及火柴盒贴，前后共收集到一百多座中国古塔，可是其中竟没有一座宝塔是八层的。因此我给它在底下加了一层，先生，您看对吗？"

说着，她写下了一个式子：

$$123456789 \times 8+9=987654321$$

我对她的锐利眼光与机敏思维大加称赞，当场拿出另一座"八层宝塔"，请她试着向下"扩建"：

$$9 \times 9+7=88$$

$$98 \times 9+6=888$$

$$987 \times 9+5=8888$$

$$9876 \times 9+4=88888$$

$$98765 \times 9+3=888888$$

$$987654 \times 9+2=8888888$$

$$9876543 \times 9+1=88888888$$

$$98765432 \times 9+0=888888888$$

小姑娘面有难色,她不敢贸然越出"雷池"一步了。经过我的再三启发和鼓励,她才勇敢地再向前迈出了一步:

$$987654321 \times 9+(-1)=8888888888$$

你看,一旦深入到"负数"的领域中,"宝塔"便又多了一层。继续下去,当然还有:

$$98796543210 \times 9+(-2)=88888888888$$

$$987654321011 \times 9+(-3)=888888888888$$

最后的数字串真令人大开眼界。原来,数字串的成员,不一定限于正整数,负数和零也行,正像人有男性、女性和中性人一样。

十一级宝塔算是造好了,闸门一旦打开,引进了负数之后,宝塔可以无穷无尽地造下去,一直造到"十八层地狱",以超度那里永世不得超生的罪犯。可是,宏伟的宝塔看来看去总觉得不像。原来,它缺少了宝塔尖,怎么办呢?

给宝塔加个尖顶

为了体现数学和艺术的奇妙联系,许多中外趣味数学书(例如中国数学学会第一届理事陈怀书先生的《数学游戏大观》上、下两卷与日本老专家平山谛先生的杰作《东西数学物语》等）都非常重视和突出强调"数的宝塔"，并煞费苦心地从数学的各个分支与流派中大力进行挖掘与搜罗。这些宝塔吸引了人们的眼球，令人悲喜交加，叹为观止，留下了很深的印象。

我曾在《扩建宝塔》一文中"造"了一座十一级的宝塔，下面还可以继续造下去，可惜它缺少塔尖。宝塔少了个顶，那就走了样了，实在是件非常遗憾的事情。现在，让我来试着给它加上一个尖顶。

宝塔原名窣堵坡，来自天竺（即古印度之别名），东汉明帝时，佛教传入中国，宝塔也与之俱来。经过历时千余年的文化融合，它已同华夏文明合为一体，难分难解。在中华大地上，耸立着无数的宝塔，仅江、浙、沪一带，知名的就有上海龙华塔、松江方塔、杭州雷峰塔、苏州北寺塔、瑞光塔、虎丘塔、湖州"塔"中"塔"、扬州栖灵塔等。哪一座宝塔没有顶呢？

不妨再来回顾 8 的十一层宝塔：

$$9 \times 9 + 7 = 88$$
$$98 \times 9 + 6 = 888$$
$$987 \times 9 + 5 = 8888$$
$$9876 \times 9 + 4 = 88888$$
$$\cdots$$
$$987654321 \times 9 + (-1) = 8888888888$$
$$9876543210 \times 9 + (-2) = 88888888888$$
$$9876543210\overline{1} \times 9 + (-3) = 888888888888$$

根据上面这个宝塔的构成规律，从第一式逆推上去，左面第一个 9 应该消失了，即

$$空位 \times 9 + 8 = 8$$

岂不是顺理成章，完全按照变化规律，自然而然地造出宝塔的"尖顶"了吗？

这种做法当然是有根据的。我国古代数学家早就在筹算中用"空位"来表示零，例如 ⊥ π Ⅲ 就用来表示 8703，杨辉的著作《乘除通变本末》与

《透帘细草》也都留出空格来表示零,譬如说,丨ㅠ的意思便是107。古人在用毛笔书写时,很容易将□一笔画成个圆圈,这就是符号○在中国的起源,而最早出现的符号○见于金代的《大明历》中。到了元代,则在朝廷所制定的《授时历》与名著《测圆海镜》《益古演段》与《四元玉鉴》中普遍使用○了。

根据新规定,自然数是从0开始的(以前规定从1开始),所以,为这个数字宝塔加尖顶就标志着人们认识上的转变,其意义更加非同一般了!

读者们,也许你们已经"跃跃欲试"了。请来为下面的宝塔加一个塔尖,好不好?

$$1 \times 9+1 \times 2=11$$
$$12 \times 18+2 \times 3=222$$
$$123 \times 27+3 \times 4=3333$$
$$1234 \times 36+4 \times 5=44444$$
$$12345 \times 45+5 \times 6=555555$$
$$123456 \times 54+6 \times 7=6666666$$
$$1234567 \times 63+7 \times 8=77777777$$

非法约分

美国人喜欢猎奇,不屑一顾的小事,他们也往往抓住不放,刨根问底,搞个水落石出。"非法约分"便是一个相当典型的事例。

据说这个问题是马克士威尔(E.A.Maxwell)在其著作《数学中的谬误》(《Fallacies in Mathematics》)中首先提出的。

有个小学生漫不经心地作了下列错误的"约分":$\frac{1\!\!\!/6}{6\!\!\!/4}=\frac{1}{4}$,$\frac{2\!\!\!/6}{6\!\!\!/5}=\frac{2}{5}$闹出了大笑话。令人惊讶的是,约分虽然不合法,但结果却是对的。这不是一桩奇事吗？

对此奇事，有人紧紧抓住不放。而且，即以"大笑话"（Howler）为题，悬赏征解这些出人意料的分数。如果还有什么类似的东西潜伏在那里，就统统把它们挖掘出来。

有个问题不言而喻，我们一旦找到了这种分数，把它的分子、分母颠倒一下，肯定仍是满足条件的。另外，还有下列这类平凡、肤浅的解，例如：$\dfrac{5\,\cancel{5}}{\cancel{5}\,5}=1$。

为了排除这类"水货"（伪劣商品），所以我们进而规定，这种分数必须是真分数。

当分子、分母均为两位数时，可设为

$$\frac{10x+a}{10a+y},（其中，a,x,y 都是一位正整数）$$

"非法约分"意味着下式成立，即

$$\frac{10x+a}{10a+y}=\frac{x}{y}。$$

经整理后可得 $y=\dfrac{10ax}{9x+a}$。

由于 x,y,a 都必须是一位的正整数，而且 $x\neq a$（否则将导致 $\dfrac{x}{y}=1$，违反了真分数的规定），我们自然很容易造出表1。

表1

x \ a	1	2	3	4	5	6	⋯	9
1	/	$\dfrac{20}{11}$	$\dfrac{30}{12}$	$\dfrac{40}{13}$	$\dfrac{50}{14}$	4	⋯	
2	$\dfrac{20}{19}$	/	$\dfrac{60}{21}$	$\dfrac{80}{22}$	$\dfrac{100}{23}$	5	⋯	
3	$\dfrac{30}{28}$	$\dfrac{60}{29}$	/	$\dfrac{120}{31}$	$\dfrac{150}{32}$	$\dfrac{180}{33}$	⋯	
⋮								
9								

由此可见,仅在下面4种情况下,y得整数值:

$$x=1,a=6,y=4;$$
$$x=2,a=6,y=5;$$
$$x=1,a=9,y=5;$$
$$x=4,a=9,y=8。$$

从而求出4个奇妙分数。

$$\frac{16}{64},\frac{26}{65},\frac{19}{95},\frac{49}{98}。$$

人们后来发现,经过一种特殊方法"处理"之后,这些奇妙分数,还可以无限地"拉长"。

这种方法就是在数字中间插入6或9。例如:

$$\frac{16}{64}=\frac{166}{664}$$

(插入一个6)

$$=\frac{1666}{6664}$$

(插入两个6)

$$=\cdots=\frac{1}{4};$$

$$\frac{19}{95}=\frac{199}{995}=\frac{1999}{9995}=\frac{19999}{99995}$$

$$=\cdots=\frac{1}{5}。$$

可以证明,当基为素数时这些巧妙分数不存在,基为8(即八进位制,以下仿此,不一一说明了)时有两个解,它们是

$$\frac{37}{76}=\frac{1}{2},\frac{17}{74}=\frac{1}{4}。$$

最有趣的基看来是这样的一些基b,对它们来说b是完全平方数,而$b-1$有很多因子,例如$b=1\ 225$是35的平方,而$1\ 224$又有很多因子,这时我们竟能找到236个分数,可以进行"非法约分"而仍得出正确值。

关于两位数以上整数的反常约分,至今还没有什么比较成熟的系统

理论。

心灯通明的悟境

印度要向全世界开通由首都新德里发车的佛教朝圣专列,其中包括 12 处的印度和尼泊尔名胜,旅途中的时间不短,需要 8~10 天。有几个地方最为引人注目,它们是佛祖出生地蓝毗尼、觉悟之地菩提伽耶、第一次讲经的鹿野苑和涅槃之地拘尸那揭罗。

不过,去朝圣者不仅仅限于宗教信徒。号称"印度国宝""20 世纪数学奇人"的拉马努贾故居,也是许多学者一心向往的地方。

有人说:"数学是如此的张扬个性,每一个没有天赋或无力独行千里的人,最好还是不要去碰它。"

我不大相信这句话,很有点不以为然。"自古圣贤皆寂寞",证明了"庞加莱猜想"的俄罗斯数学家佩雷尔曼一心扑在数学研究上,宁可在列宁格勒(现已恢复十月革命前的原地名"圣彼得堡")的丛林里采集蘑菇,也不愿去领取万人瞩目的"菲尔茨奖",视高额年薪、"终身教授"为敝屣,置若罔闻。

不过,为了开窍,也应该去做一些能够发人深省,启发"神悟"的题目,好像禅宗高僧的"明心见性"(换句话说,就是下文所说的"心灯通明"的境界)。为什么拉马努贾没有受过多少教育,而且一贯"吃长素"营养不良,却能发现出数以百计的、鬼神莫测的公式呢? 这可真是一个谜啊! 适合初学水平的好题目为数不多,下面倒是有一个,使许多开放题专家及奥数训练命题者刮目相看。

在圆周上排列着 6 只灯泡,按照顺时针方向,从 1 到 6,丝毫不乱(当然它们也可按逆时针排列,但两者本质上并无差异)。开始时,所有的灯都是开亮的。

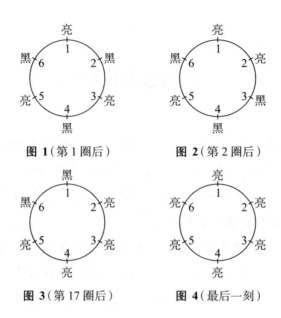

图 1（第 1 圈后）　　图 2（第 2 圈后）

图 3（第 17 圈后）　　图 4（最后一刻）

假设 t 是一个时间变量，它将随着"过去→现在→将来"的时间之箭不断地取自然数值。在 t 时刻让我们来检查 t 号灯，并按照如下一成不变的方式进行运作。

（A）如果 t 号灯是开亮着的，就改变 $t+1$ 号灯（模数为 6，周而复始，不停地在圆周上转圈子）的状态，说得更明确一些，就是：如果 $t+1$ 号灯是开亮着的，就把它关熄；如果 $t+1$ 号灯是黑的，就把它开亮。

（B）如果 t 号灯是关熄的（黑的），那就什么事情都不干，执行下一步操作。

结果会怎么样呢？按照上述方式绕着圆周不断地操作下去，最后必然会到达某一时刻，所有的 6 只灯泡统统都再度开亮，这样的状态就称为"心灯通明"的境界。

要不要试验一下？自己来做一做？

据国外有关报道，此题既可用电脑编程，又可让机器人来开灯、关灯，"寓教于乐"，难怪吸引了许多人，大家都感到十分投入，从中获益匪浅。

没有文字的美妙证明

在外文书刊上看到了关于勾股定理的一个"无言"证明,据说来自意大利文艺复兴时代的艺术大师达·芬奇(1452—1519),十分美妙,充满了艺术家的优美情调。近年来,随着《达·芬奇密码》这本畅销书在全世界范围内的走红,久已被人忘怀的达·芬奇的名字,突然沉渣泛起,不胫而走了。甚至连解读《达·芬奇密码》之书,也已出版了好多种,掀起了一股达·芬奇热。

这就使人立时三刻地回想起了"不立文字,明心见性,立地成佛"的佛教禅宗。毫无疑问,禅宗是东方哲学"顿悟"的最高境界。从根本上看,它与数学证明确立存在着共性。

但是,完全没有文字,一般人是不懂的,也不能使他们信服。所以,我在下文做一点简要说明。

在直角三角形 ABC 中,$\angle ACB$ 是直角,要证明的是:

$$AC^2+CB^2=AB^2$$

或者说,要证明图上两个小正方形的面积之和等于一个大正方形的面积。

作 $DE /\!/ AC$,$FE /\!/ BC$,连 CE,GH,JK(图 1 上的虚线)。

不难看出,直角三角形 ABC,DEF,CJK 都是全等三角形,它们的面积当然相等。

六边形 $ABHKJG$ 是一个轴对称图形,GCH(OG 三点必然共线)是中轴线,这个六边形被中轴线剖分成了两个全等的四边形 $ABHG$ 和 $GHKJ$;

六边形 $ACBDEF$ 是一个中心对称的图形,其对称中心就是 O 点(见图1),它也被剖分成两个完全的四边形 $ACEF$ 和 $CBDE$;

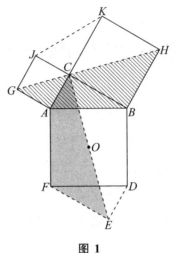

图 1

现在立即可以看出四边形 ABHG 与四边形 ACEF 的全等性,因为前者绕着点 A 顺时针方向旋转 90°,就可得出后者了。

既然 ABHG 与 ACEF 的面积相等,那么各自翻倍后的面积当然也相等,在六边形 ABHKJG 与六边形 ACBDEF 分别减去等量(△BAC 面积的 2 倍)之后,马上就得出了。

正方形 ABDF 的面积=正方形 ACJG 的面积+正方形 CBHK 的面积。

这样一来,勾股定理就被证明出来了。

旋转变换与两种对称相结合,充分体现了艺术大师达·芬奇的数学直觉与对称美的高度敏感,整个证明浑然天成,优美无比,令人拍案叫绝!

巧解妙题提高智力

拆穿百万富翁

外国有位百万富翁,为了竞选国会议员,需要收买人心。于是,他经常到处宣扬自己乐善好施,造福社会,不时给别人一些小恩小惠。

有一天,这位先生洋洋得意地对前来采访的记者说:

"上星期,我把50枚金币施舍给10个残疾人和无家可归者,但我并不是'一刀切'式地把钱平分给这些流浪汉,而是根据他们的困难程度进行合理的救助。因此,他们每人得到的金币数都不一样。当然,不论多少,人人都有所得,不会有人吃'空心汤团'。"

记者是个血气方刚、初出茅庐的年轻小伙子,听了富翁的自我表白以后,非常气愤,"你是一个骗子,伪慈善家! 你讲的全是谎话!"

记者是怎样识破这位百万富翁的"鬼话"的?

道理很简单。如果这10个流浪汉每人所得的金币数都不相同,最少的得到1枚,最多的得到10枚,那么,富翁所施舍的金币数应当是

$$1+2+3\cdots+8+9+10=55(枚)$$

而不是他所说的50枚,这就说明他完全是在撒谎。

哈得孙河有多宽?

在美国纽约市郊的哈得孙河上,A、B两艘渡轮正常地航行,以匀速往返行驶,假定在岸边掉头转向的时间可以忽略不计。

A、B两渡轮分别从河的南、北岸同时起航,在距离河的南岸700米处首次相遇。两船继续前进,驶至对岸,然后立即返回,在距离河的北岸400米处再次相遇(见下图)。

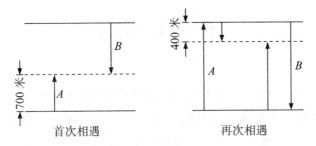

首次相遇　　　　　　再次相遇

试问:哈得孙河有多宽? 当然,河的两岸可视为平行线,这是不言而喻的。

第一次相遇时,两条船航行路程之和恰好等于河的宽度,这是很明显的,从图上不难一望而知。有些意想不到的是,第二次相遇时,两条船航行的路程之和恰好是河宽的3倍。由于两船速度不变,因此,再次相遇所花的时间,应该是首次相遇时所花时间的3倍。

第一次相遇时,A船航行了700米长的路程,故而在3倍长的时间里,它将航行2100米的路程。从图中可以看出,第二次相遇时,A船全程跨越了哈得孙河,又回过头来航行了400米。

计算一下:

$$700 \times 3 - 400$$
$$= 2100 - 400$$
$$= 1700(米)$$

因此,这条美国纽约市郊的哈得孙河的宽度是1700米。

四季美景

有句古代诗词写道:

"江南忆,最忆是杭州,山寺月中寻桂子,郡亭枕上看潮头,何日更重游。"极言杭州风景之美。

众所周知,杭州西湖号称"人间天堂",许多小朋友都去过。西湖本有"十景",现在又添了"新十景"与"新新十景",其中有些风景是同春、夏、秋、冬四季联系在一起的。一听名字就能清楚了解大概情况。例如"苏堤春晓"(春),"曲院荷风"(夏),"平湖秋月"(秋)和"断桥残雪"(冬)。我们知道,只有四季分明,山川秀丽,而且轮流交替,与时俱进,人们才能尽情欣赏自然,亲近大自然的恩赐:春花、秋月、夏云、冬雪。所以又有前人写道:

春有百花秋有月,

夏有凉风冬有雪。

只要心中无烦恼,

便是人间好时节。

现在就请你们来做一个别开生面的"春夏秋冬"四季算题:

(春夏+秋冬)×(春夏+秋冬)=春夏秋冬

这里,春、夏、秋、冬各自代表0、1、2、3、4、5、6、7、8、9中的任一个数。当然要规定,相同的汉字代表相同的数,不同的汉字代表不同的数。

请问:你能找到满足已知条件的两位数和四位数吗?

这个问题当然能和著名的卡普利加数联系起来。从前,人们一直认为,它只有一个答案,便是

春=3;夏=0;秋=2;冬=5

这是由于(30+25)(30+25)=3025 之故。

有人以为这种"一分为二"的奇异数字应当还有另一个2025,虽然表面上看(20+25)²=2025,但却违反了题目上的规定,"春、秋"两个不同的汉字都同时代表了同一个数2,这当然是不允许的。

以前一直认为,以 0 打头的 02,08,…不能算是真正的二位数,但现在随着邮政编码、长途区号……的逐步推广,人们早已司空见惯,习以为常。

所以下面的文字——数字代换法,也被认为是正确的答案:

春=9;夏=8;秋=0;冬=1。

也就是说:

$$(98+01)^2=9801$$

原先的问题有了两个答案,就成了开放题。人们难免有点沾沾自喜。

加减乘除,各色俱全

加减乘除,好比油、盐、酱、醋,各有各的用处。请看下面的式子:

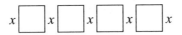

$$x \boxed{} x \boxed{} x \boxed{} x \boxed{} x$$

在这里,x 是一个小于 10 的正整数,当然不包括 0 在内。现在,请你在方框里填上+、-、×、÷四个运算符号,每个符号只允许填一次,既不能重复,也不能遗漏,要求它们全部到场。

请回答以下两个问题:

①究竟应该怎么填,这个算式的结果可以取最大值?

②有没有这样的可能性:所有的结果统统都相等?

凡是学过算术的人都知道,在加、减、乘、除全部出场,又不准加括号的情况下,运算时必须严格遵守"先乘除,后加减"的原则。如果忽视了这一点,解决本题就无从谈起。

另外,还应该运用系统思考法,不要乱来。+、−、×、÷的不同填法,共有 $4 \times 3 \times 2 \times 1=24$ 种之多。

结果可以分成四类:

得出结果 x 的最多,共 12 次;

得出 x^2+x-1 的有 4 次;

得出 x^2-x+1 的也有 4 次;

得出 $1+x-x^2$ 的也有 4 次。

后面三种结果各得 4 次,可谓平分秋色。

现在可以回答第一个问题了。取最大值的算式当然是 x^2+x-1 了,在 $x=9$ 时,它的值等于 89。

填法自然不止一种,而是有四种之多,它们是:

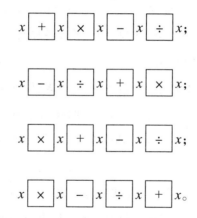

$$x \boxed{+} x \boxed{\times} x \boxed{-} x \boxed{\div} x;$$

$$x \boxed{-} x \boxed{\div} x \boxed{+} x \boxed{\times} x;$$

$$x \boxed{\times} x \boxed{+} x \boxed{-} x \boxed{\div} x;$$

$$x \boxed{\times} x \boxed{-} x \boxed{\div} x \boxed{+} x。$$

请对照一下第一种和第二种填法,它们是非常有趣的,好比一对闹"摩擦"的情侣,一个向东,一个向西,完全是"反其道而行之",结果仍旧走到了一起,从而充分地体现出数学上的"对偶原理"。

另外一个特点是:乘、除运算不能相连在一起,而必须用加、减运算来穿插。

第二个问题的答案更加奇妙,我们的回答是:

当 $x=1$ 时,所有的结果全都一样。

请看:$1^2+1-1=1$;$1^2-1+1=1$,$1+1-1^2=1$。

可是不分油、盐、酱、醋,统统可以吃到肚子里去!+、-、×、÷居然会有"一视同仁"的时刻,数学之奇,真是太不可思议了!

君子与小人

20 年不过是历史长河中的一瞬,然而,深圳在这一瞬中,却从一个荒凉的海边渔村,成长为足以与京、津、沪、渝等城市平起平坐的特区,而且拥有中国现阶段仅有的两大股市之一。

一批来自全国各地的打工仔、"海归客"(留学外国、学成归来的自己创业者)来到深圳,创业成功,变成了身价千万以上的大富翁。他们的"第一桶金"从何而得?可谓"八仙过海,各显神通",概括起来不外乎一句话:"虾有虾路,蟹有蟹道。"

有人发迹靠的是炒原始股,或是彩票中大奖,有的趁着改革大潮,斗胆走私,甚至有的制造假冒伪劣产品,赚取昧心黑钱……但更多的人则是靠自己的勤劳和智慧,赢得成功和财富。君子永远是君子,总是说真话;小人始终是小人,老是说假话。

大年夜,八位富翁聚在一起,共同守岁迎春。先在八仙桌旁坐下,开怀畅饮之前,主人起立祝酒:"列位莫怪,我的两边,正好坐着一位君子,一个小人。"话毕便哈哈大笑。巧的是,其他人也都鹦鹉学舌,异口同声地说了同样的话。现在问题来了:席上共有几位君子,几个小人?

假设八仙桌上至少有一位君子 A,他说的是真话,由此可知,他的左、右两侧,必然坐着一位君子,一个小人。按照这种思路进行推理,就可画出图 1,其中白点表示君子,黑点表示小人。

但这样推理下去,到第七人 C 时,却出现了矛盾。这人肯定不是君子,因为他的两旁坐着的不是一位君子、一个小人。

　　然而又不能说他是小人,因为如果 C 处是一个小人的话,那么坐在 B 处的小人说的话将要成真话了。小人说真话,这与题意完全背道而驰了。

　　由此可知,席上的八人统统都是小人,一个君子都没有。这样一来,倒可以自圆其说了。然而,不禁使人想起"天下乌鸦一般黑"的这句老话了!

　　不过,想要席上既有君子,又有小人,只要将八仙桌增设一个"加座",使八人变为九人,图 1 也相应地变为图 2。不难看出,此图呈现出很美妙的对称性,这在数学上叫作"均齐图"。

　　倘若把刚才每个人的说法统统改为"坐在我两边的都是小人",那么像图 3 那样的"均齐图"可以满足要求。请小读者们自己想一想何以如此,在此不多做解释了。

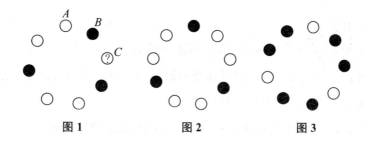

图 1　　　　　　图 2　　　　　　图 3

　　另外,入席人数也不限于 9 人,譬如说,可以增到 12 人,或者减至 6 人,甚至 3 人。有意思的是,根据一些历史学家的观点,曹操、孙权都是小人,而刘备是君子,他们 3 人围桌而坐(图 4),就是一个最简单的均齐图,你说妙不妙!

图 4

套 杯 子

在上海徐家汇,静安寺的恒隆广场等出售高档礼品的柜台里,有时可以看到世界级名牌产品施华洛施奇的水晶杯子,一套杯子,多达七八只,制作精巧,天衣无缝,小的往大的里头套,不需要塑料袋,顾客自己就可以方便地带走。

这使我想起了数学科普大师马丁·加德纳的一桩闻名遐迩的故事。

加德纳从小就表现出非凡的才智,巧思妙解层出不穷,老师们对他也赞誉有加,另眼相看。

有一天,老师们对班上同学出了一道题目:

你们有本事把10只小贝壳分别放进3只大、中、小杯子里去吗?要求每只杯子里的贝壳数只能是奇数,不能是偶数。

条件似乎很苛刻,同学们迅速开动脑筋,1,1,8;1,2,7;1,3,6;2,3,5;3,3,4;…统统不合要求,全都不行。

有一位同学终于站起来,发表了自己的见解:"要将10只小贝壳放进3只杯子,每只杯子里的贝壳数只能是奇数。这等于是要将10分为三个奇数,这显然是不可能的。"

老师笑了笑,没有表态。

"报告老师,我倒有个分法,但不知对不对。"马丁·加德纳站起来,快步走上讲台。他把10只小贝壳分别放进两只杯子里,每只杯子里5个,然后拿起其中的一个杯子套进那只较大的空杯子里。

"好得很",老师显然很欣赏这种非正规的"脑筋急转弯"式的解法。"你是怎么考虑的,能不能把脑中的思考过程说给大家听听?"

马丁·加德纳答道:"把10只小贝壳分进三只杯子,还要求都是奇数,可以断定,这是完全不可能的。既然这条路走不通,那就只好改变条件了。

由于贝壳的个数已经定好为10只，数是不会变的。那就只有在杯子上打主意了。一看，杯子有大、小之分，并非同样大小，我就马上想出了把一只杯子套入另一只杯子里去的'怪点子'。"

"同学们，听懂马丁·加德纳说的意思了吗？"老师高声地问。

"听懂了。"同学们异口同声地回答。

接着，教室里响起了一片热烈掌声。

尽管许多人把这种解法视为"另类"，看成是"野路子"，但大多数美国人都很欣赏，认为这种题目确能使孩子们开窍。

上海市少年宫及青少年科技活动中心也很重视，曾多次组队前往美国参加活动，并取得了优异成绩。

想加入就请自助

智力俱乐部有一个别出心裁的规定：要想成为俱乐部的成员，只要填写一张申请表就行了。然而，这张申请表没有人发给你，要你通过"自助"手段去取。它放在一张写字台的一只抽屉里，而抽屉没有上锁。

这张写字台有两个抽屉，它们的外面各写着一句话，左边抽屉上写的是："只有一句话是真话"；右边抽屉上写的是："本抽屉内没有申请表。"

你只有试一次的机会，因为旁边的摄像机正在严密地监视你。如果你取到申请表，那么，填表是件极容易的事。倘若你取不到表，那你就休想成为智力俱乐部的会员。

有人认为，吃这种"自助餐"，完全是碰运气。但事实并非如此。因此，通过分析可以知道，申请表是放在右边抽屉里的。

如果左边抽屉上写着的"只有一句话是真话"是真的，那么两句话中就必有一句是假话，即右边抽屉上所写的"本抽屉内没有申请表"是假的，由此判定，申请表就放在右边抽屉里。

反之,如果左边抽屉上写着的话是假的,那么,就有两种可能性。一是两只抽屉上的话都是真话,但这种情况不可能出现,因为上面已经假定左边抽屉上的话是假话。二是两只抽屉上的话都是假的,这样,右边抽屉上的话也是假的。于是可以判定,申请表必放在右边的抽屉里。

总之,不论左边抽屉上写的话是真话还是假话,右边抽屉上的话总是假话,所以,申请表一定放在右边的抽屉里。

噢 与 嗳

古欧洲大陆有这样一个奇怪的国家,这个国度的人分为两大类:一类是说真话的人,另一类是说假话的人。更有意思的是,这两类人是以他们的婚姻状况来区分的:凡没结过婚的人都说真话,凡结过婚的人均讲假话。

有一天,这个国家的六名青年男女组织了一支业余乐队,已知其中有两对夫妻和两名单身汉。有个叫梅里美的博士向他们打听,并了解到以下事实:

他问查尔斯:"伯特朗先生与提妲妮亚女士是不是一对夫妻?"查尔斯先生答道:"噢。"

博士又问萨尔维娅小姐:"你是否嫁给了查尔斯先生?"小姐说:"噢。"

梅里美博士因为是外来户,不懂当地方言,听到上述回答,他真是丈二和尚摸不着头脑。于是他只好再问亚瑟:"你同露丝是对夫妻吗?"后者回答:"嗳。"

已知本问题有唯一正确的答案。现在请你帮助"不及格"的梅里美先生分析一下,"噢"和"嗳"究竟是啥名堂,并指出这六位青年男女的婚姻状况。

这则趣题原载于英国一家极有名的科普杂志,悬赏奖金为10个英镑。得奖者是一位少年,他用"单刀直入"的办法解出此题:

"噢"的意思是"否",查尔斯是未婚男子,他的回答是真话,由此可知伯特朗与提妲妮亚不是夫妻。

萨尔维娅也是未婚女子，根据她的回答，可以判定她与查尔斯不是夫妻。

"嗳"的意思为"是"，亚瑟已婚，他讲的是假话，所以他其实与露丝不是夫妻。

因此，亚瑟与提妲妮亚是一对，伯特朗与露丝是一对，而查尔斯与萨尔维娅是未婚青年。

如果做其他假设，则有时会发生矛盾，有时得不出唯一解。

闷声发大财

足球比赛中有许多怪异的现象，结论往往有悖于普通常识，简直令人不敢相信，但其涉及的数字又简单得不能再简单了：每场足球比赛，胜者得 3 分，负者得 0 分，打成平局，各得 1 分。

甲、乙、丙三队互相比赛，每两个队之间都比赛了同样多的场数，然后根据得分多少，决定哪个队是最后的冠军。

甲队在全部比赛结束之后，发言人洋洋得意地声称："我队赢的场数比

其他两队中任何一个队都更多。"

乙队也不甘示弱,领队立即反唇相讥:"本队输的场次比其他两队都少。"

唯有丙队的队长在一旁一声不吭。新闻记者们问他,他板着面孔说:"无可奉告!"

然而,出乎人们意料的是:最后统计时,得分最高的竟是丙队,真是应了一句古老的民间俗谚:"会抓老鼠的猫不叫。"

试问:这样的结果真的可能吗?

答案是确实有可能。譬如说:甲队与乙队比赛7场,甲胜乙2场,乙胜甲2场,其他3场都打成平局;

甲队与丙队赛了7场,甲胜丙3场,丙胜甲4场;

乙队与丙队赛了7场,统统都是平局。

综合起来看:

甲胜5场,负6场,平3场,得18分;

乙胜2场,负2场,平10场,得16分;

丙胜4场,负3场,平7场,得19分。

结果丙队名列榜首。

看图识贼

读者朋友看到标题后,一定会想:只有看图识字,哪来看图识贼。

为了避免招惹麻烦,下面的各色人等一律改用外国名字,免得有人看了以后自动"对号入座"。

有六个流浪汉,其中已肯定有两人各偷了一辆自行车。

哈里说:"我认为小偷是查理与乔治。"

詹姆士说:"唐纳德与汤姆鬼头鬼脑,定是小偷无疑。"

唐纳德说:"贼人非他,乃汤姆与查理也。"

乔治说:"哈理与查理干下了偷窃勾当。"

查理说:"依小弟愚见,唐纳德与詹姆士是作案者。"

警方去找汤姆时,他有意闪避开了,人也不知去向,因此根本不知道他将要说些什么。汤姆的躲避,究竟是畏罪潜逃,还是害怕说错话得罪人而一走了之,谁也搞不清楚。

警方认定,在上面这几个家伙的回答中,肯定有四个人的话半对半错,(也就是说,他们都正确地指出了其中的一个人是小偷,而另一个人则是妄指),不过,也有一个人的回答完全不对头,是彻头彻尾的撒谎。

请问,究竟是谁偷了自行车。

我们不妨来画一个图,图上的每个顶点表示一个人,可以用字母 C、G、H、T、D、J 来代表查理、乔治、哈里、汤姆、唐纳德与詹姆士。这是一种字母缩记法。譬如说,唐纳德这个名字,其相应的英文单词为 Donald,所以就用字母 D 来代替。

凡是被提到名字的两个人,就用一条线段来连接。除了汤姆避而不见之外,五个人共讲过五句证词,所以图上就画下五条线段(见下图)。

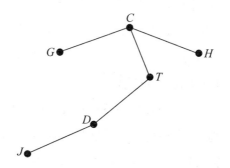

如前所述,汤姆虽然躲开了,但如果证词所提供的信息已经足够,那么他讲不讲都无所谓,并不影响问题的解决。

为了抓住小偷,只要在图上检查各个顶点偶(即一对顶点),看一看有哪两个顶点,作为端点的次数之和是4的就行了。要补充说一句,以某点为端点的,所引线段的个数叫作该点的次,例如在图上,G 的次数为1(次数为 1 的点也可以叫作悬挂点），C 的次数为 3，如此等等。让我们顺便指出，代表小偷的两个顶点之间是不应当有线段连接的，否则将意味着有一个证人已讲了全部真话，而不是半对半错了。

检查下来，小偷只能是查理与詹姆士（即图上的顶点 C 与顶点 J），它们恰好反映了四句证词的半真半假。

"看图识贼"还有一个副产品，由于 TD 这条线段不会以代表小偷的点为顶点，所以詹姆士所讲的乃是彻头彻尾的假话，他何以要作伪证？信口雌黄。警方自然不会放过他的。

汤姆虽然规避了，但他实际上是一个无辜者，连"半真半假"的话也没有说过一句。看来，流浪汉中，也不见得个个都是坏人哪！

奖金米粒数

孩子们在中、小学阶段遇到的很大数目寥寥无几，比较有名的一个大数目来自印度国王奖励国际象棋发明者的故事：

第 1 格里放 1 粒米，第 2 格里放 2 粒米，第 3 格里放 4 粒米，……在每一格里都放进比上一格多一倍的米。可以算出，从第 1 格到第 64 格的米粒总数，等于 2 的 64 次方减 1，也就是

$$2^{64}-1=18446744073709551615（粒）$$

如果用长 4 米、宽 10 米的仓库来装这些大米，仓库要从地球盖到太阳，再从太阳盖回地球那么长！

孩子们大概是从《十万个为什么》等课外读物里看到过这个数目，但是很少有人知道它是能够被 17 整除的。不仅如此，它的前 6 位就能被 17 整除了；再添加 10 位上去，前 16 位再一次被 17 整除，直到最后，作为一个整体的 20 位数还是能被 17 正好除尽。我曾经当面问过撰写这一故事的作者，连他自己都不知道。

令人更加吃惊的是,此数竟然还能被 257 和 65537 整除无余!

这两个商是:

18446744073709551615 ÷ 257=71777214294589695

18446744073709551615 ÷ 65537=281470681808895

作风一贯严谨的"数学王子"、德国大数学家高斯却早就知道了这一点。他不仅知道可以用圆规和直尺做出正 17 边形,而且还能做出正 257 边形与正 65537 边形!正因为如此,原来并不想学数学的他,彻底改变了自己的人生道路,从而为全人类做出了极其突出的贡献。

考拉与骆驼

为了庆祝世界数学科普大师马丁·加德纳先生(生于 1914 年,写此文时尚健在)的 90 寿辰,在美国佐治亚州的首府亚特兰大市召开了来自全世界各地的祝寿者的庆祝大会。会上,加利福尼亚州一家软件公司的程序设计专家别出心裁地为会议贡献了一道有趣的小"点心"名叫"考拉与骆驼":

$$
\begin{array}{r}
\text{K O A L A} \\
+\ \text{L L A M A} \\
\hline
\text{C A M E L}
\end{array}
$$

这是两个五位数相加的普通算式,其中 CAMEL 是一个极其普通的英文单词,就是骆驼。至于 KOALA(考拉)则是原产地在澳大利亚的一种可爱的无尾小动物,样子很像小熊猫。而另一个单词 LLAMA,则是一种美洲无峰驼。

读者们一般都知道,在这种算式谜中,相同的字母一定代表相同的数字,而不同的字母要表示不同的数字,必须严格对应,不准重复、雷同。

你能在最短的时间内把这个别开生面的"算式谜"破译出来吗?

之所以说它别开生面,特点是字母的分布相当有特色,如果能抓住要害,就能轻易解出。否则就很棘手,不大好对付了。为此,出题者建议求解此题时应该加上时间限制,以显示解题者的"过硬功夫"。

首先,应该注意到,此题"与众不同"之处在于,重复出现的字母较多,在算式里一共有 5 个 A,4 个 L 和 2 个 M。

现在自右至左,比较第一纵列(末列)与第三纵列,可以看到:

$$A+A=L, A+A=M$$

推究原因,M 之所以同 L 不一样,当然是由于进上 1 的关系。

假定 A=9,则 L=8,由于进位时至多只能进上 1,这样一来,M 也只好等于 9,但这是违反规定的。

如果 A=8,则可推出 L=6,而 M=7,从而就能"势如破竹"地一举得出正确答案,设定的时限 5 分钟还显得"绰绰有余"呢。

$$
\begin{array}{r}
31868 \\
+\ 66878 \\
\hline
98746
\end{array}
$$

也许小读者们会想:除此之外,是否还有别的答案呢?

回答是否定的。不信你就试一试吧。

不怕颠倒

有本书名叫《"文革"大笑话》,书中收集了许多荒唐的人和事。

"四人帮"时期,有个妄人窃据了某地"革委会"主任的要职,趾高气扬,不可一世。这位"主任"胸无点墨,不学无术,作起大报告来,一讲就是几小时,还把"墨西哥"读成"黑西哥",引起哄堂大笑。有时他坐在办公室里神气活现地看报,人们发现他居然把报纸的上下都弄颠倒了。

不过,"妄人多福",他不但官运亨通,而且诸事称心。譬如说,有一次他领到了"武斗"津贴 1961 元,尽管他颠倒过来看,结果却还是一样,原来

1961 竟是个不怕颠倒,上下都一样的"不变数"。不信,你可以自己来尝试一下:

1961

原来,在 0,1,2,3,4,5,6,7,8,9 十个阿拉伯数字里,不受颠倒影响的有 0,1,8 三个;颠倒时可以互变的有 6 与 9 两个。而另外的一些数 2,3,4,5,7,一颠倒就面目全非了。

下面也有一个正看和倒看都一样的加法算式,不过由于"文革"至今,年代已久,其中有两个阿拉伯数字非常模糊,已经看不清楚了:

16+68+89+？？

原来,它是"革委会"第一把手的秘书上报给他的参加"武斗"的 4 个小分队的人数。为了迎合这位"主任"的特点,不管他正看也好,倒看也好,答数都是相等的。

你有本事把这两个暂缺的数字求出来吗?

这事倒也不算太难,不过要先提示一下:正看时的十位数字在倒看时会变成个位数字,而个位数字则会变成十位数字。所以必须区别对待,不能来个眉毛胡子一把抓。

经过分析,三个看得清楚的两位数,

正看时:十位数字　　个位数字

　　　　1,6,8　　　　6,8,9

倒看时:十位数字　　个位数字

　　　　6,8,9　　　　8,9,1

为了取得平衡,需要把正看个位数(倒看十位数)补上 1;而正看十位数需要补上 9(即倒看个位数的 6)。所以我们通过观察和分析,研究出两个便条纸上模糊不清的阿拉伯数字应该是 91(正看时)。

而 4 个小分队的总人数应是

16+68+89+91=264

或 68+16+89+91=264

再加上"主任"和"秘书"两位大人，由266人来分摊1961元钱，即使"主任"不拿大头，也实在是"僧多粥少"，每人所能领到的津贴，不过是7元3角7分而已！

握 手 问 题

有位先生说："前些日子，我同我太太一起参加了一个宴会，酒席上还有另外四对夫妻。见面时，大家相互问候，亲切握手。当然，没有人会同自己的太太或先生握手，自己也不会同自己握手。与同一个人握过手之后，也不可能再同他或她进行第二次握手。彼此之间的握手全部结束之后，我好奇地询问在座的各位先生和女士，当然也包括我太太在内，每人各握过几次手？使我惊奇的是，每个人所报出的握手次数竟完全不一样。请问：我太太同别人握了几次手？"

为了使这个问题的叙述更为严密，还需要做如下说明：

(1)甲与乙握手，在计算握手次数时，甲算一次，乙也算一次。

(2)握手并不要求一个都不漏，可握而未握的情况也是有的，譬如说，行注目礼，双手合掌，拍拍肩膀，对方正在同别人握手不便越位等等，在以上这些情况下，不握手当然不算不礼貌。不过，这样一来就大大地增加了问题的复杂性，使问题似乎变得无从索解了。

解决这个问题，主要是靠逻辑推理。既然宴会上共有10个人，任何人都不同自己握手，也不同自己的配偶握手，那么，任何一个人握手的次数最多只能等于8。由于提出问题的先生已经问过各位宾客，得知他们每人握手的次数都不一样，可见这9个人的握手次数必定是0,1,2,3,4,5,6,7,8。

显然，握手次数为8的那一位已同除了自己的配偶以外的每个人都握过了手，因此，这个人(无法判定这个人是先生还是女士)的配偶必定就是那个握手次数为0的人。由于这两个人的关系已被确定，于是就可以请他们退到"圈子"以外。

接着可以推定，握手次数为7的人必定与握手次数为1的人是一对夫妻；握手次数为6的人必定与握手次数为2的人是一对夫妻……

最后，只剩下握手次数为4的人，可以断定，此人肯定便是提出问题的那位先生的太太。

问题解决之后，让我们再来回顾这道题目，对称性、递归性、消去法这些货真价实的数学特性从这道题中都得到了很好的体现。怪不得一些评论家说，这样的数学题目真是太"艺术化"了。

此题的发明权，属于当代美国数学科普大师——马丁·加德纳。

接待嘉宾

普普通通的数目字，在数学家的心目中却往往可以引发灵感，至少也能自圆其说，找到一些不平凡的解释。

有一年，美国数学科普大师马丁·加德纳先生在夏威夷参加国际拓扑学大会时，与不可思议的"矩阵博士"（Dr.Matrix 是加德纳笔下的一个重要角色，有人认为纯属虚构，但大多数学者则认为有他的生活原型，并非杜撰）在檀香山一家豪华的五星级宾馆不期而遇。

"博士先生，见到您真是太高兴了。您住在多少号房间。"

"彼此彼此，我也同样高兴，我住的房间号码很有意思：它是一个三位数，而且等于一个两位数与它自己的乘积。"博士说。

"啊呀！太巧了！我住的房间号码与阁下的房号具有同样的属性，它也是一个三位数，而且也等于一个两位数与其本身相乘之积。"

当他俩把各自的房间号码"亮相"之后，两位大人物都惊得发呆了。

原来，把这几个数字排成一个 2 × 3 矩阵（二行三列的矩形数阵）时，除了上述的"行"的特性之外，纵列方向也非常奇妙：三个纵列所组成的三个二位数,也统统都是平方数,即某个一位数的平方。

两位老先生都是德高望重的"重量级"人物,他们年事已高,行动不便。为此,会务组决定专门派两位接待员为他们料理生活琐事,他们互不干扰,分别在楼下开了两个房间。

说起来也许你会不相信,但天下竟有如此巧事,楼下接待员所住的两间房号,居然都是素数,而其乘积,正好就是两位嘉宾的房号之和。

你知道这四个人的房号吗?

初次碰到这道怪题,许多人都是一头雾水,稀里糊涂,未知数实在太多了,能求得出答案吗?

我们不要被它吓倒,其实它并不难。还是可以从二行三列的矩阵着手。

三位的平方数就那么几个,有的平方数如 121,144,169 等一看就可以排除。就这样"三下五除二",很快便找到了唯一解:

$$
\begin{array}{ccc}
\boxed{\begin{array}{ccc} 8 & 4 & 1 \\ 1 & 9 & 6 \end{array}} & & 29 \times 29 \\
& & 14 \times 14 \\
9 & 7 & 4 \\
\times & \times & \times \\
9 & 7 & 4
\end{array}
$$

两个房号之和 841+196=1037

它的唯一分解式为 17 × 61

所以会务组派出的两名服务员分别住在底楼 17 号与 61 号房间。

至于马丁·加德纳先生与矩阵博士究竟谁住二楼,谁住九楼,题目可没有说,咱们也不能断定。不过,按照惯例,名望较高的人一般住在较高的楼层。我们知道,加德纳名望极高,他出国时一般都享受国宾待遇,矩阵博士名气比他小得多,故而十之八九是马丁·加德纳住在九楼的 841 室,而矩阵博士下榻在二楼的 196 室。

貌似不可征服的难题终于被解开了。

兑换零钱

日常生活中经常会碰到兑换零钱的事,如果你不买任何东西,而只是想兑换零钱,十之八九会碰一鼻子灰。

众所周知,世界各国的本位货币之下,一般总是有些辅币,如英镑的便士、日元的仙、法郎与生丁、卢布与戈比。尽管有的因为币值太低,几乎已经淘汰不用了。

在我国,一元人民币以下的辅币,既有纸币,又有硬币,配套十分齐全,使用起来也很方便。

美国的情况则与我们不一样。在他们那里,很长一段时期以来,小面值的硬币只有五种,其币值分别为 50 美分、25 美分、10 美分、5 美分和 1 美分。同我们的最大差别是,在我国,几乎任何时期(清政府、民国时期、军阀混战时各省自己发行流通的货币),都没有 0.25 元这一档。

于是,在美国的趣味数学读物里,常会看到一些兑换零钱的题目,这也是一种"异域风光"吧。

一位顾客向营业员提出要求:"小姐,请把 1 美元的钞票给我兑成零钱。"

商店出纳员梅(May)小姐仔细察看了抽屉后,面有歉意的回答:"对不起,兑不开。"

顾客:"那么,就把这枚 50 美分的硬币兑换成小面值的硬币吧。"

小姐的头摇得像只拨浪鼓:"不要说 1 美元与 50 美分,我这里连 25 美分、10 美分、甚至 5 美分都兑不开。"

顾客有点生气,"那么,你到底有没有硬币呢?"

"怎么没有?我的硬币总共加起来值 1.15 美元呢!"

这段对话到此戛然而止!请说出梅小姐的抽屉里现有各种硬币的明细账:她有哪几种硬币?每种硬币各有几枚?

题目相当有趣,设置了悬念,引得大家牙痒痒地,跃跃欲试。

关键是要根据上述对话,建立起各种硬币的上限,然后进行观察和调整,并验证一下何以兑不开的原委。

现在抽屉里各种硬币数目的可能上限如下:

50美分1枚	价值	0.50
25美分1枚		0.25
10美分4枚		0.40
5美分1枚		0.05
1美分4枚		0.04
	合计	1.24

上限虽然求出来了,但仔细推敲一下,同题目意思还有差距。

梅小姐是说了实话的,她说抽屉里硬币的总值只有1.15美元,不是1.24美元,两者一比较,少了9美分。由此可见,抽屉里实际存在的硬币数,要比上限略少。

容易看出,组成9美分的唯一方式是1枚5美分硬币加上4枚1美分硬币。为了得出正确的答案,我们自然应该把这5枚硬币从上面列出的上限数中减去。于是,抽屉里的硬币明细账应该是:

50美分1枚

25美分1枚

10美分4枚

这6枚硬币的组合本事也实在太糟糕,它们既兑不开1美元,也兑不开50美分,25美分,10美分和5美分,无法把它们换成币值较小的硬币,怪不得顾客要发火了!

不费吹灰之力

人类正在快速进入巨大数字处理的时代,信息社会正在向我们频频招手。

如果让你将一个很长的 22 位数（末位是 7）乘 7，不能借助其他计算工具，你要花多长时间呢？我在读小学四年级时，第一次做这样的计算题，是用祖传列档红木算盘计算的，噼里啪啦，拨弄了半天，一不小心就搞错了，很是伤脑筋。也许你不相信，其实，算出这个乘积只需要几秒钟，因为只要把它的末位数 7 搬到首位，其结果便是所求的乘积了。

竟有如此神奇的怪事？快把这个妙不可言的 22 位数（末位为 7）给我"揪"出来！

众所周知，多位数的乘法计算还是用竖式来得方便，按照刚才的结论，便有：

$$
\begin{array}{r}
abcdefghijklmnopqrstu7 \\
\times \qquad\qquad\qquad\qquad 7 \\
\hline
7abcdefghijklmnopqrstu
\end{array}
$$

从末位逆推，立即可以看出 u 只能等于 9，于是

$7u=7 \times 9+4=67$，对照竖式，所以 $t=7$。

同样，$7t=7 \times 7+6=55$，所以 $s=5\cdots$

就这样一步步地逆推而上，好像追溯长江的源头，从崇明岛一直追到了青海可可西里那样，最终把这个 22 位数全部求出来了。现在，真相大白，原来它就是 1014492753623188405797

这个数可以分成前、后两段，每段 11 位，然后把它们相加，你们将会发现第二个奇迹。请看：

$$
\begin{array}{r}
10144927536 \\
+ \quad 23188405797 \\
\hline
33333333333
\end{array}
$$

和数竟出现了连贯的 11 个清一色的 3 了。

再进一步"深挖"下去，如果在这个长达 22 位的神奇数的前面加上小数点，它竟是 $\dfrac{10}{69}$ 的循环小数！当然，按照正规的书写规矩在循环节的第一

个与最后一个数字的上面也得分别加上小数点标志,但此时的名称是"循环节"了。

原来,69 是一个合数,由于 69=3 × 23,23 这个特征数决定了循环节有 22 位,而 3 这个特征数则决定了前后两段之和是清一色的了。

自然数中充满着神秘,难怪大数学家陈省身先生在他弥留之际,口中还在喃喃自语:"带我去希腊……"他要在地下王国继续进行研究和探索呢。

烧焦的遗嘱

在美国,大侦探梅森是个名声显赫、家喻户晓的人物。人们认为他目光如电、明察秋毫,能够洞悉一切阴谋诡计。梅森何以有这么大的本事呢?这与他爱好数学,用数学来砥砺心智是分不开的。用他自己的话来说,便是:数学是块磨刀石;我的大脑好像一把快刀,不磨就会变钝。

有一次,梅森被当事人请去办一桩棘手的案子。百万富翁、曾经当过得克萨斯州州长的布朗先生,不幸死于一场电线老化而引起的大火。这完全是一个偶发事件,没有凶犯,也没有他人受伤。然而,伤脑筋的是,布朗先生唯一的一张遗嘱被烧焦了,字迹难以辨认。该遗嘱一无副本,二无复印件。不过,布朗先生在生前曾对他的律师及亲友们多次讲过,他的继承人为数众多,百人以上,千人以下,全部遗产要平均分配,各人所得之款一样多。为此,遗嘱里写着一个长长的除法竖式;

不幸的是,在这个除法算式中,只有商数的第 2 位数字可以辨认出是 7。在显微镜下,可以看出除法已经进行

```
                    × 7 × × ×
        × × × )× × × × × × × × × × ……第 1 行
               × × × ×           ……第 2 行
                 × × ×           ……第 3 行
                 × × ×           ……第 4 行
               × × × ×           ……第 5 行
                 × × ×           ……第 6 行
               × × × ×           ……第 7 行
               × × × ×           ……第 8 行
```

到底,而且正好除尽,没有余数。

或许对一般人来说,这样微不足道的线索并没有什么用处,然而,这对梅森来说已经足够了。通过认真思索与无懈可击的推理,梅森发现被除数正好是布朗先生的遗产总值(单位为美元),而除数等于继承人的总数——梅森圆满地解决了这个"无头案"。

那么,梅森是怎样进行逻辑推理的呢?

美国数学家格雷汉曾用这个问题来测试一些人的智力。为了解决这个问题,大家各显神通,所用的方法也大有差别。有的人用了十几个步骤才得出正确结果。其实,完全解开这个谜,只要3步就行了。请看:

(1)商数的第4个数字肯定为零。因为从算式中可以看到,被除数的最后2个数字被同时移下来了。

(2)商数的第1个数字与最后1个数字都比商的第3个数字来得大,因为它们与除数的乘积是4位数,而后者仅是3位数。那它们与第2位数字7相比,是大是小呢?容易看出,第4行与第6行都是3位数,而第3行和第4行的差数是3位数,第5行和第6行的差数只是2位数(从被除数相应位置上直接移下来的数字不算),这就非常有力地证明了,第6行必大于第4行。于是可以肯定,商的第3位数字必定比7大。综合起来看,商的首位数与末位数必等于9,而商的第3位数字为8。于是可以判定,商一定等于97809。

(3)除数的8倍只是个3位数,所以除数决不能大于124。第7行与第8行是完全一样的(否则就意味着除不尽)。除数如果是123或比它更小,第7行的前2位数也必然得不到11。所以,除数既不能大于124,又不能小于124,那就只能是124了。

现在,商数与除数都已求得,我们就可以得出完整的除法算式:

$$
\begin{array}{r}
97809 \\
124)\overline{12128316} \\
1116 \\
\hline
968 \\
868 \\
\hline
1003 \\
992 \\
\hline
1116 \\
1116 \\
\hline
0
\end{array}
$$

梅森的推理令人心悦诚服。他得到了一大笔酬金。后来,他把这些酬金全部捐给了儿童慈善团体。

福尔摩斯的算题

一天,大侦探福尔摩斯在其助手华生医生家做客,庭院里传来一群孩子的嬉笑声。

"你家有多少孩子?"福尔摩斯问道。

"那些孩子不全是我家的,他们实际上是四家人。我家的孩子最多,弟弟家的孩子数占第二位,妹妹家的孩子数占第三位,叔叔家的孩子最少。他们不能按九人一排凑足两排,但是,四家孩子数的乘积恰好等于我们家房子的门牌号码,而这个数目你是知道的。"

福尔摩斯听了华生的介绍,深感兴趣。他说:"让我来试试。"过了一会儿,福尔摩斯说:"已知条件还略嫌不足,请再透露一点消息给我。叔叔家的孩子是一个呢,还是不止一个。"

主人做了回答,但究竟他讲了些什么,我们在此无可奉告。

福尔摩斯真不愧为福尔摩斯,他果然一下子说出了四家的孩子数。

请问:这四户人家,每家各有多少个孩子?

由题意可知:

(1)孩子总数少于18人;

(2)四家孩子数各不相同。

由此既可推出叔叔家的孩子只能是1个或2个。否则,如果叔叔家有3个孩子的话,那么妹妹家至少有4个,弟弟家至少有5个,华生家至少有6个。这样一来,孩子总数至少有3+4+5+6=18个,与题意不符合。

设叔叔家有2个孩子,则各家孩子数有下列7种可能情况(见附表):

各家孩子数	和	积
2,3,4,5	14	120
2,3,4,6	15	144
2,3,4,7	16	168
2,3,4,8	17	192
2,3,5,6	16	180
2,3,5,7	17	210
2,4,5,6	17	240

如果叔叔家有1个孩子,则可能情况就会更多,造表法与上面类似,下面我们只列出表格的一部分:

各家孩子数	和	积
1,2,5,8	17	120
1,3,6,7	17	126
1,4,5,6	16	120
1,4,5,7	19	140
…	…	…

对照这两张表,可见门牌号数肯定是120。

四家孩子数的情况只能是以下三种:

$$2,3,4,5;\quad 1,3,5,8;\quad 1,4,5,6$$

如果叔叔家的孩子只有1人,则得不出唯一的答数,解还是定不下来,然而当时福尔摩斯却能"一语道破",所以四家孩子数必定是:

叔叔家2个;

妹妹家3个;

弟弟家4个;

华生家5个。

生日之谜

猜生日的办法很多,下面是一个经过精心构思的例子。

把出生月份乘上31,出生日期乘上12,再把这两个数相加起来,根据它们的和数(假设这个和数是A),就能准确地算出某人的出生月日。

先看A是奇数还是偶数:若A是奇数,那么,这个人一定生于单月(一、三、五、七、九、十一月);如果A是偶数,那么,这个人一定生于双月(二、四、六、八、十、十二月)。

再看A是哪种类型:即A被3除,究竟是能够整除呢,还是余1或余2。然后再根据这三种情况,分别把数A分为三种类型。同样,A被4去除时,或者能整除,或者余1,或者余2,或者余3。根据这四种情况,可以把和数A分为四种类型。

再下面的一步是查阅附表,根据A的类型,"一个萝卜一个坑",能轻而易举地判断出其人的出生月份,并找到"扣除数"。再用A与"扣除数"的差除以12,所得的商就是出生的日期。假定某人根据自己出生的月日算出的A为153,由于153是奇数,所以我们去查附表中的上面一半,即单月。153这个数正好能被3整除,被4除时余1。从表中一查,具有这种特征的是三月,对应的扣除数是93。

然后从153中减去93,再除以12,即:

$$(153-93) \div 12 = 5$$

所以,此人生于3月5日,正是全国人民学雷锋的好日子,太好了!

利用上面所说的方法,再参照下面所附的表格,很容易把貌似神秘的"生日之谜"揭开。聪明的小读者,这下你也可以与同学们一起做这种"猜生日"的游戏了。

顺便说一下,我们曾经拿这个趣题做了一个相当有意思的实验,选取高中学生、初中学生,请他们用学过的代数知识去解(此题曾在好几本介绍"不定方程"的科普读物中讲过),作为实验的对照组,再让小学生用上面介绍的"查表法"去解。结果发现,小学生的速度比中学生快出 5 倍还不止。

附表

月　份	一月	三月	五月	七月	九月	十一月
扣除数	31	93	155	217	279	341
特　征	三除余 1 四除余 3	三除无余 四除余 1	三除余 2 四除余 3	三除余 1 四除余 1	三除无余 四除余 3	三除余 2 四除余 1

月　份	二月	四月	六月	八月	十月	十二月
扣除数	62	124	186	248	310	372
特　征	三除余 2 四除余 2	三除余 1 四除无余	三除无余 四除余 2	三除余 2 四除无余	三除余 1 四除余 2	三除无余 四除无余

五角星上放棋子

五角星是一种极为常见的几何图形,它上面有 10 个交叉点 $S_1, S_2, \cdots, S_{10}$(见下图)。现在要求你一面喊着"一、二、三",一面把棋子放到交叉点上去,多多益善。当然,在每个交叉点上只能安放一枚棋子。

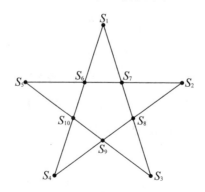

譬如说，一开始，你可以选一个没有放棋子的空白交叉点S_1，选择最右边的那条直线前进，一面喊："一、二、三"，一面把棋子放到S_8上去。然后，再从S_1出发，在S_{10}上放下棋子；从S_6出发，在S_4处放下棋子；再从S_5出发，在S_7处放棋子；从S_9出发，在S_2与S_5放棋子。

这时，有6只棋子放上去了，但剩下来的4个交叉点S_1，S_3，S_6与S_9都已无法再放。已放下棋子的交叉点，是不能作为起点的。

能不能放得更多一些呢？人们在屡经试验之后，取得了一些进展，接下来的问题是：最多可以放几只棋子？

由于每次都必须从空白交叉点出发，所以放最后一只棋子之前，五角星上至少有两个空着的点，一个是出发点，另一个是终点。放好棋子之后，必然还剩下一个点空在那里。这就是说，放上五角星的棋子不会超过9只，必须有一个交叉点空着，无论如何是放不满的。

人们不禁要问：真能放上9只棋子吗？具体究竟怎样放法？

让我们把问题反过来考虑。假定已经放好了9只棋子，图上只有S_{10}这个交叉点空着。现在，我们按照放棋规则，把9只棋子一一取下来。要求从没有放棋子的S_{10}作为起点，开始数"一、二、三"，把数到"三"的棋子取下来，其他依此类推：

$$S_{10} \rightarrow S_1 \rightarrow S_8 \rightarrow S_4 \rightarrow S_6 \rightarrow S_2 \rightarrow S_9 \rightarrow S_5 \rightarrow S_7 \rightarrow S_3$$

或者用另一种取法：

$$S_{10} \rightarrow S_3 \rightarrow S_7 \rightarrow S_5 \rightarrow S_9 \rightarrow S_2 \rightarrow S_6 \rightarrow S_4 \rightarrow S_8 \rightarrow S_1$$

现在只要反其道而行之，把箭头反过来，就可以把9只棋子先后放上去。

上面的分析虽然已经很详细，但是具体执行起来仍嫌烦琐。有没有更简洁的方法？

其实，五角星是高度对称的，任何一个交叉点都可以留空。上述游戏的历史非常古老，江湖上有个秘诀，叫作"君子不忘其旧"。记住：如果你是从S_1数起的，把棋子放到了S_{10}，那么，下一只棋子就必须放到S_1上去，而这意味着计数的起点必须是S_8，而再下一着就必须放到S_8上去，……就这样依此类推。

掌握了这个秘诀之后，只要稍加练习，就可运转如飞，使别人看得眼花缭乱，由衷叹服。

这个秘诀，我是从大表兄张锦泉先生那里学来的，他是我姑母的大儿子，毕生在上海市邮电总局（原址仍在，即上海市虹口区四川路桥北堍）工作，是邮局的高级职员，生平爱好收集各种各样的濒临失传的民间游戏。但他不收徒弟，又因新中国成立前军阀混战，生计困难，子女们分散在全国各地，许多独门秘技，不久又告得而复失了。

国王的薪金

一次大革命以后，国王下台了，某国的政体也由君主制改成共和制。该国共有 66 位议员，其中有一名就是下台后的国王。议员的权力很大，该国的一切大小政务，都要由议会开会表决通过。议员有薪金可领，但每人每月只有一元钱的薪金。下台后的国王没有选举权，不能出任公职，但为了尊重他以前的功绩，还可保留若干权力。例如，可以对调整薪金提出建议。每次调整前后，薪金必须是若干元，即一个整数，而且薪金总和必须等于 66 元，既不能多，也不能少。调整薪金的提案必须通过全体议员的投票（国王是荣誉议员，不参加投票）来进行表决。如果赞成票比反对票多，就可以获得通过。每个投票人都极端自私，倘若加薪，他就赞成，如果减薪，他就反对；在其他情况下，他对投票漠不关心，认为与他无关。"事不关己，高高挂起"，根本不来投票了。

这位下台国王是个"经济动物"，十分自私而又狡猾，诡计多端。通过历次加薪，他拿的钱越来越多。

试问：根据以上条件，这位名誉议员能为自己争取的最大薪金是多少？需要经过几轮投票才能达到目的？

　　这一妙题的设计者是美国林可宾大学的约翰·威斯特伦,据说题目所涉及的部分历史背景与北欧某王国有关。他没有透露一应细节,本文作者自然也无法奉告各位读者。

　　题目相当曲折,但不算太难,用算术方法即可加以解决。但是,解决这个妙题,必须注意到两个关键点:

　　(1)为了使阴谋得逞,国王必须以退为进,暂时主动放弃自己的薪金;

　　(2)每一轮都应使领薪水的议员人数不断地减少。

　　开始时,国王提出方案,把33位议员的薪金翻一番,增加到每个2元。钱从何来呢? 不能增加国库的开销,只能是"羊毛出在羊身上",代价是要牺牲另外33位议员的利益,把他们的薪金削减为0元(这33人中也有国王在内),使之成为无偿议员。

　　下一轮,国王(或者通过他的某个应声虫)又提出新的调薪方案,对33人中的17个(对于具体的人可作重新部署)增加薪金(调整为3元或4元),而把16个人的薪金减少为0。

　　在随后的几轮中,把领薪议员的人数,先后减少为9,5,3,2人。

　　最后一轮,国王给每人区区1元的薪金,来贿赂三个囊空如洗的议员,教唆他们投赞成票,从而把资金转移到自己的名下,使他拿到的薪金达到63元之多。

　　不难看出,设计方案堪称挖空心思,呕心沥血。在任何一轮,领薪投票者的人数都要略大于上一轮人数的一半,以保证调薪方案的通过。国王能拿到的薪金,不可能比63元更多。因此,必须经过前后六轮的投票才能达到他不可告人之目的。

　　这就是最优解了。

　　如果你觉得不大明白,请看下表:

表决轮次	赞成票	反对票	弃权票	备注
第一轮	33	32	0	国王有建议权,但无表决权
第二轮	17	16	32	
第三轮	9	7	49	
第四轮	5	4	56	
第五轮	3	2	60	
第六轮	3	2	60	

殊途同归

我国著名语言学家吕叔湘先生曾经说过:"一切教科书都是语言教科书。"前几年,发行量高居全国刊物发行量前几名的《读者》杂志,曾经发表过一篇奇文,里面提到"文革"时期所编的小学数学教材,令人啼笑皆非:"已知向阳公社有五个村,每个村有三个化粪池,问向阳公社一共有几个化粪池?"很多小学生的妈妈听着恶心,禁止孩子们在饭桌上讨论这类问题。

其实,数学问题可以编得很好,有的具有诗情画意,有的充满悬念,好像一股无形的鞭策力量,能使孩子们不由自主地继续探索下去。

现在就来介绍一个题目,它是从《啊哈·灵机一动》的法文译本上摘下来的,该书的原作者是著名数学科普大师马丁·加德纳先生,已被译成几十种文字出版。在孩子们的心目中,大概比不上《哈利·波特》那样有名,但其内在的持久价值,是远远高出其上的。

有个孩子喜欢养金鱼。有一天,他决定不养了,把所有的金鱼全部出售,并分六次卖出(原文是"五次",我把它略做修改):

第一次卖出全部金鱼的一半加二分之一条金鱼;

第二次卖出剩余金鱼的三分之一加三分之一条金鱼;

第三次卖出剩余金鱼的四分之一加四分之一条金鱼;

第四次卖出剩余金鱼的五分之一加五分之一条金鱼;

第五次卖出剩余金鱼的六分之一加六分之一条金鱼;

第六次(最后一次)把剩下来的金鱼全部卖光。

当然,在出售时是决不允许把金鱼切开或有任何损伤的。请问:这孩子原有多少条金鱼(要求取最小的数)?

满足要求的最小答数为 59 条。各次所售出的金鱼条数分别为:

$$30,10,5,3,2,9$$

我不想按部就班地把解法一步步详细写出来,那样做十分容易,但却是味同嚼蜡,毫无滋味可言。我们不妨"节外生枝"地另起炉灶,另外看一个问题:

有位村妇手里拎了一篮子鸡蛋到集市去卖,谁知一匹狂奔而来的马吓了她一大跳,一失手把篮子里的鸡蛋完全打碎了。马主人打算赔偿她的损失,问她篮子里共放了多少只鸡蛋?

村妇说自己的计算能力和记性都很差劲,只记得把鸡蛋两个一数、三个一数、四个一数、五个一数、六个一数时,余下的分别为 1,2,3,4,5 只鸡蛋。请问:篮子里原有多少只鸡蛋(也取最小可能的数目)?

答案也是 59 只。为什么两个表面上看来如此不一样的问题,竟然会有完全相同的答案?是巧合吗?

其实,这两个问题虽然语言的描述不同,但实质上却是一样的。只要求出 2,3,4,5,6 的最小公倍数,再减去 1 就是最后的结果了。

本问题还可以进一步改编,缩小或放大都行。

古印度的买鸟趣题

24 是个很奇妙的自然数,若本身 24 不算,它仍有 1,2,3,4,6,8,12 七个约数。一年有 24 个节气,一昼夜有 24 小时,孩子们也非常喜爱玩 24 点游戏,对开发智力、熟练四则运算都很有帮助。

印度又称"天竺",也是一个文明古国,印度古代数学家们对 24 这个自然数似乎也有一点"情有独钟"。有一道很奇妙的算题如下:

在历史上有名的孔雀王朝时期,印度老百姓使用的基本货币单位叫作"摩沙"。已知:3 个摩沙可以买 5 只鸡,5 个摩沙可以买 7 只鸭,7 个摩沙可以买 9 只鹅,9 个摩沙可以买 3 只鸵鸟。

现在要用 24 个摩沙去买 24 只鸟(鸡、鸭、鹅、鸵鸟)。试问:应该怎样买法?

这道题目很像中国古老相传的"百鸡问题"。但中国的题目中只有公鸡、母鸡和小鸡三种,而这道题中有鸡、鸭、鹅、鸵鸟四种,看起来更加复杂。"百鸡问题"有许多种解法:算术的、代数的、利用比例性质的,乃至不定方程……堪称应有尽有,不愧为古算珍品,初等数学的历史名题。

西方有句很著名的谚语:"一个人绝不可能两次跌入同一条河流的同一个地点。"上面所说的印度人的买鸟趣题确实有它的奥妙之处,还是值得讲一讲的。

这道题目的解法很多,关键是你不要把它想得太难。尽量用最原始、最粗浅、最本色的办法去考虑问题。

让我们先把每种"鸟"的单价求出来:

鸡是 $\frac{3}{5}$ 摩沙,

鸭是 $\frac{5}{7}$ 摩沙,

鹅是 $\frac{7}{9}$ 摩沙,

鸵鸟是 3 摩沙。

鸵鸟的售价最贵,当然有其原因,因为它比鸡、鸭、鹅名贵得多,"物以稀为贵"嘛!可是,你不觉得鸵鸟的单价有点"出格",有点"不合群"吗?鸡、鸭、鹅的单价都用分数来表示,偏偏鸵鸟的单价用整数表示。岂不是太过分,太"自命清高"了?

让我们把鸵鸟的单价也用分数来表示,即把整数 3 写成假分数 $\frac{9}{3}$。这样一来,就和群众打成一片了。

现在我们再来仔细看一看这四个单价:

$$\frac{3}{5}, \frac{5}{7}, \frac{7}{9}, \frac{9}{3}$$

把它们的分子、分母分别相加:

分子的和是:3+5+7+9=24

分母的和是:5+7+9+3=24

至此,解法立即自天而降!用 3 摩沙买 5 只鸡,5 摩沙买 7 只鸭,7 摩沙买 9 只鹅,9 摩沙买 3 只鸵鸟,正好是 24 个摩沙买 24 只"鸟"!

过穷日子的罗马大公

罗马帝国在中国古史上称为"大秦",通过陆上"丝绸之路",同当时统治着我国中原的王朝有着不少经济与文化往来。

由于过惯了太平日子,罗马帝国后来政治腐败,纪律松弛,在一次征战日耳曼人的战争中,大公统率的一支军队遭到重创,溃不成军。于是皇帝下令把他免职,财产也被"充公"了十分之九。

以后要过穷日子了,怎么办呢?大公想来想去,只有遣散食客,才能节省开销,改变家里每天开几十桌饭的"规矩"。

但是,他必须遵守先王的遗训,留下来的智囊团高级顾问必须符合下列条件:(条件听起来似乎非常古怪,据说是当年帮助太祖皇帝打天下时的"开国元勋"们的形象。这种事情中国也有,唐太宗叫人家把秦叔宝、尉迟恭、程咬金的面孔画下来供奉在"凌烟阁"中;清朝顺治皇帝封了八家"铁帽子亲王",世袭罔替,与国同休,只要王朝存在一天,他们的子孙就永远享福）：

七个人瞎了两只眼睛；

两个人瞎了一只眼睛；

四个人用两只眼睛看东西；

九个人用一只眼睛观察世界。

试问，大公至少应保留多少位高级顾问？

对此问题，有人认为它太简单了："只要加一加就行，7+2+4+9=22。"

其实，大公是想把"裁减顾问"作为一道特殊智力题来考考那些食客的。他的要求是：

（1）裁汰的冗员越多越好，保留不裁，继续养下来的人数越少越好；

（2）不准违背先王的遗训。

此题发下去以后，众食客交上来的答卷也是五花八门，但都不能使大公满意。

最后，有位年纪将近90岁的老者所给出的答案却使得他心动了。此人曾随先帝征讨西西里岛，驰骋伦巴第平原，马上舞大刀，马下使笔杆子，都十分了得。老人的答案是用诗歌体的形式来写的，读起来朗朗上口，与众人大有不同。

他说，只要保留16人就够了，这样做并不违反祖训。老人向大公献计道："你只要先从双目失明者中筛选出7个人来，再从视力正常者中挑出4个人，最后再从独眼中选拔5个人就行了"，也就是说：

$$7+4+9-4=16$$

为什么说，这样裁员办法并不有违祖制呢？这是由于：

瞎了两只眼睛的当然也瞎了一只眼睛；

双目全明，视力正常者可以闭起一只眼睛看东西。

经他一分析，大公恍然大悟，别人也都心悦诚服。被裁汰的人乖乖卷铺盖走路，另谋出路，不想再去京城里告状，他们知道，即使告状也无用处，皇帝不会受理……

这老人不愧为一位逻辑学家,咬文嚼字的行家里手。战争、经商、订条约……都少不了这种人才。毕竟,姜是老的辣啊!

经他一番点拨之后,大家也认识到此题的本质是一个开放性问题,从而也并不排斥其他更离奇奥妙的裁员办法。

左 右 夹 攻

研究医学的人都知道有"脏腑易位":极少数人的心、肝、脾、盲肠位置与普通人相反。这种情况虽然较少出现,但不容易忽视,尤其是在做外科手术的时候,人命关天,丝毫怠慢不得!

物理学家则认为,宇宙间可能存在反质子、反中子、反物质和反世界。

与以上现象相似的是,做除法也可以从尾巴上做起,由低位到高位,反其道而行之。

现在来举几个例子,为了浅显易懂,假定它们都是可以除得尽的。

例一:已知 $A6973$ 能被 7 整除,求 A。

$$
\begin{array}{r}
8\ 1\ 3\ 9 \\
7\overline{\smash{)}A\ 6\ 9\ 7\ 3} \\
6\ 3 \\
\hline
9\ 1 \\
2\ 1 \\
\hline
7 \\
7 \\
\hline
A\ 6 \\
5\ 6
\end{array}
$$

可见 $A=5$。

如果要求的数不在左端最高位,而是夹在中间,怎么办呢? 也有办法解决。

例二:如果 $145A685$ 可以被 13 除尽,试问 A 等于多少?

此时可以把原数分成 145A 和 A685 两段，然后分别处理，一个用正常除法，一个用反常除法。正反结合，各得其所。

$$
\begin{array}{r}
1\ 1\ 2 \\
13\overline{)1\ 4\ 5\ A} \\
1\ 3 \\
\hline
1\ 5 \\
1\ 3 \\
\hline
2\ A \\
2\ 6 \\
\hline
0
\end{array}
\qquad
\begin{array}{r}
7\ 4\ 5 \\
13\overline{)A\ 6\ 8\ 5} \\
6\ 5 \\
\hline
6\ 2 \\
5\ 2 \\
\hline
A\ 1 \\
9\ 1 \\
\hline
0
\end{array}
$$

（正常除法）　　　　（反常除法）

左式：A=6；右式：A=9 把这两个 A 加合并，得 6+9=15，因为得出之数大于除数 13，再从和数减去 13，得 15−13=2，所以 A=2。

事实上确有 1452685 ÷ 13=111745

倘若被除数的中间有两个未知数，又怎么去求呢？这也不怕，请看下例。

例三：已知 37xy825 有被 29 整除，求 x、y 各是多少？

现在让我们采用左、右夹攻的办法，前后同时往中间去逼迫：

$$
\begin{array}{r}
1\ 3 \qquad\qquad 0\ 9\ 2\ 5 \\
29\overline{)3\ 7\ x \qquad\quad y\ 8\ 2\ 5} \\
2\ 9 \qquad\qquad\quad 1\ 4\ 5 \\
\hline
8\ x \qquad\qquad\quad 6\ 8 \\
8\ 7 \qquad\qquad\quad 5\ 8 \\
\hline
(x-7) \qquad\qquad y\ 1 \\
2 \qquad\qquad\quad 6\ 1 \\
\hline
(x-9) \qquad\quad (y-6)
\end{array}
$$

可见 x−9 和 y−6 都应为 0，所以 x=9，y=6。

从科学方法论的观点来看，多学几种方法总是好的。上述技法也从正、反两方面说明了问题。同学们不妨自己动手来试一下。

狡猾的乌龟

乌龟又要和别人赛跑了。不过，这一次它的对手不是兔子，而是羚羊。

羚羊信心十足，因为在动物界，它是有名的"飞毛腿"，跟乌龟比赛，那真是小菜一碟，何足道哉！羚羊想：只要我在比赛的时候不像兔子那样中途睡大觉，肯定能赢。它反复考虑，思前想后，始终觉得胜券在握，决不会出什么意外。

第二天早上，它们分头前往指定的出发地点。到了那里，作为公证人的老虎大喝一声："跑吧！"羚羊拔腿飞奔，把乌龟远远甩在后面。

过了一会，羚羊停了下来，大声问道："喂，可怜的乌龟，你在哪儿啊？"

但听"嗤"的一声冷笑，乌龟回答说："我在这里呀！"

羚羊大吃一惊，于是顾不上喘息，跑得更快了。它跑了好一阵子，又停下来问："乌龟老兄，你在哪儿啊？"它又听见乌龟慢吞吞地回答："我在这里呢。"

再往前还是老样子。羚羊不时停下来问："乌龟，你在哪儿？"而每一次乌龟总是不慌不忙地回答："我在这里。在你前面一步之遥。"

最后，羚羊上气不接下气地跑到了指定的终点，可是乌龟已经在那里等它了。

"老弟，我早到了，你认输吧！"

原来这只老奸巨猾的乌龟精骗了羚羊。它在头天夜里把自己所有的亲属召集起来，开了个紧急会议，要求它们待在羚羊经过的路边青草里。羚羊每次停下来喊乌龟，其中的一只就马上出来回答它。

羚羊却是有眼无珠，受骗之后输了比赛，还错误地认为，也许对手是只千年老乌龟，兴许能够飞，所以，它心甘情愿地承认失败了。

上面这则非洲的寓言故事，旨在说明"要紧的不是跑得快，而是长有一个好脑袋。"

如果你能回顾一下上面的寓言,就不难发现乌龟家族有两个特征:人员众多,可以听候调遣;任一乌龟个体都一模一样,无法区别。这两大特点就决定了羚羊非输不可。

现在我们要问,还有什么东西也具有这些特征呢?只要略微一想便会恍然大悟:自然数家族的任一成员不就是现成的答案吗?

经过训练之后,许多动物都能认识阿拉伯数字。一些资深的专业科普作家,在欣赏了精彩的动物表演之后,往往能受到启发,写出许多优秀科普作品。荣获斯大林奖金的苏联数学家、教育家柯尔詹姆斯基先生曾以"开发心灵美"为题,举过一些令人叹服的巧妙算法,其中之一如下:

$$8888 \times 3333 = 29623704$$

$$
\begin{array}{r}
8888 \\
\times \quad 3333 \\
\hline
24 \\
2424 \\
242424 \\
24242424 \\
242424 \\
2424 \\
24 \\
\hline
29623704
\end{array}
$$

数学发展到了今天,其重点已经不在于单纯的计算,像刚才这道题,小学的中年级(三、四年级)学生就能够计算出来了。然而,把科学和趣味联系起来,才是这道题的精髓所在。

一道香港数学竞赛题

有些数学题很难解,做这种题目只能让人伤脑筋,并没有什么实际意义。还有一种题目,它可以吸引你废寝忘食地去解开它,我们称它为"好题目"。显然，"难题目"并不等于"好题目"。

现在社会上有很多面向中、小学生的数学竞赛，竞赛题一般都很难，但是称得上"好题目"的却不多。难怪有一位著名的数学教育家感慨地说："我们应该从香港的小学数学竞赛中得到启示。反思我们搞的比赛，有些小学生竞赛题连大学教师都做不出，还得专门聘请大学数学系的教授来培训小学生，真是劳民伤财！"

确实，香港数学邀请赛的竞赛题难度适中，甚至偏易，联系生活中的问题，趣味盎然，不是少数几个人闭门造车的虚构产品。你不信吗？请看下面这个例子。

在某年的某一个月中，星期六和星期天的日数相同，有三个星期天都是奇数日子。试问：这个月的 8 日是星期几？

刚拿到这道题目时，难免有"丈二和尚摸不到头脑"的感觉。但只要你是个有好奇心的人，不管男女老少，都会被它打动，试着来解开它的谜底。之所以说它有吸引力，道理就在这里。

解开这道题目，并不需要"脑筋急转弯"。大家知道，一星期有七天，凡是两个连续的星期天，必然有一个是奇数日子，另一个是偶数日子。题目中既然说，这个月的三个星期天是奇数日子，聪明的你马上就会想道：这个月肯定有五个星期天（三奇二偶）。为了迅速找到答案，最好的办法就是画出一张月历，表 1 就是一种可能的方案。

但是这张日历只有四个星期六，违反了题意"星期六和星期天的日数相同"。不过，我们已经找到解题的钥匙，只要对日历加以调整就行了。如果把该月的 1 日调整为星期六，那样一来，星期六和星期日的天数就相等了。然而，奇数日子的星期天只有两天而不是三天（表 2），还是不合题意。

于是，我们只剩下最后一种方案（表 3），它符合了题目的全部要求。如果你手头正好有一张 2004 年的日历，可以迅速地进行核对，并立即找到答案——该年的 10 月份，8 日是星期五。

表 1

日	一	二	三	四	五	六
1	2	3	4	5	6	7
8	9	10	11	12	13	14
15	16	17	18	19	20	21
22	23	24	25	26	27	28
29	30	31(可能有)				

表 2

日	一	二	三	四	五	六
						1
2	3	4	5	6	7	8
9	10	11	12	13	14	15
16	17	18	19	20	21	22
23	24	25	26	27	28	29
30	31					

表 3

日	一	二	三	四	五	六
					1	2
3	4	5	6	7	8	9
10	11	12	13	14	15	16
17	18	19	20	21	22	23
24	25	26	27	28	29	30
31						

通过解这道题目,我们至少得到两点教益:

第一,假设和调整,是解决许多难题(不能说一切难题,但肯定是其中的大多数)的法宝。

第二,通过逐步修正,可以使假的尽去,逼出真的。

变不掉的尾巴

《西游记》里说到,有一回"齐天大圣"孙悟空被玉皇大帝的外甥二郎神追赶,上气不接下气地拼命奔逃。躲避不及,立地变成了一座庙宇,可是猴子尾巴却无处可藏,情急之下,只好把尾巴变成一根旗杆,竖在庙后。结果却被二郎神识破,迎来了一场惊天动地、舍生忘死的恶战。

后世学者把《西游记》列为神魔小说,它对我们确有不少启迪。譬如说,与之相差十万八千里的几何问题。

请看图 1,ABCD 是个正方形,AC 是它的一根对角线。另有一个正方形 DEFH 与 ABCD 共用一条边,连接 C,F 两点形成三角形 ACF。如果正方形 ABCD 的一边之长为 10 厘米,求三角形 ACF 的面积是多少?

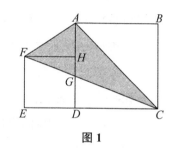

图 1

初次接触这道题目,你会觉得它有点怪,第一眼印象是:已知条件似乎太少了,用来求三角形的面积好像不太够。

其次,另一个正方形 DEFH 的大小根本提都没有提! 好像它可大可小,时时在变,由此必然引起三角形大小的改变。既然它变幻莫测,又从何而求面积? 岂不是在"乱弹琴吗"?

且莫胡思乱想,让我们先画个图来看看,对照一下,如果存在着明显的矛盾,那就像一些小朋友所说的,把它"毙"了,做都不必去做!

在 AD 边的左侧画一个很小的正方形,再作出相应的△AFC(见图 2)。

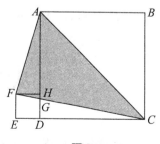

图 2

然后再在 AD 边及其延长线上画一个大而无当的正方形,也做出△AFC。我们于是看到,△AFC 变成一个很难看的狭长条了,其面积增大得似乎非常有限。于是产生了怀疑:弄得不好,三个图形里头的△AFC的面积,有可能是完全相等的!

口说无凭,这就要靠证明了。

由于图 1 的大小比较适中,看起来方便,不妨就从它出发进行推理。显然,三角形CEF的底EC等于两个正方形的边

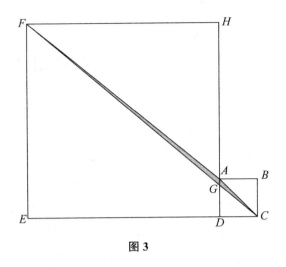

图 3

长之和ED+CD,高为FE。梯形ADEF的上、下底之和也恰好是两个正方形的边长之和EF+AD,而高为ED。所以,△CEF的面积等于梯形ADEF的面积。

大家都减去公共部分四边形DEFG的面积之后,可见△AFG和△DCG的面积相等。因而△ACF的面积等于△ACD的面积,也就是正方形ABCD面积的一半。于是我们可以马上答出题目上的问题,三角形ACF的面积是50平方厘米。

不仅如此,我们还紧紧抓住了问题的要害:三角形ACF的面积只与正方形ABCD的大小有关,而与另一个正方形DEFH的大小无关!后者只是一个陪衬的角色。

回到原先的《西游记》小说,孙悟空才是它的"主角",二郎神虽然神通广大,法力无边,不过是位"配角"而已。

从交替出现变为清一色

大城市的马路上,红绿灯信号不断交替出现,车子也时开时停,好不心烦。如今世界上许多大城市都有辐射式的同心圆交通网络,称为一环,二

环……在特大城市,甚至多达四环、五环。例如在上海,就有所谓的内环、中环与外环。在这些环行立交道路上行驶,没有红绿灯信号,速度也将随之提高数倍。

下面有一些等式,同上面的事例类似,足以引起你的神奇感:

$$1^2-2^2+3^2=1+2+3$$

$$1^2-2^2+3^2-4^2+5^2=1+2+3+4+5$$

$$1^2-2^2+3^2-4^2+5^2-6^2+7^2=1+2+3+4+5+6+7$$

…

$$1^2-2^2+3^2-4^2+5^2-6^2+7^2-8^2+9^2-10^2+11^2$$
$$=1+2+3+4+5+6+7+8+9+10+11$$

这样的式子要多少有多少,只要你高兴写,永远都写不完。

有位跑过许多国家和地区的外国数学家曾经告诉过我,他在黑板上写出这些式子时,有的学生竟然说他们从未见过。已经做过许多题目的学生,却连深刻反映自然规律的题目都遗漏掉了,实在令人遗憾。与之相反,有一个国家的小学生都回答,这些式子不证自明,只要动手画一个图就可以解释得一清二楚。

中国古代用"青朱出入图"来证明勾股弦定理。美国数学会也曾出过一部大受欢迎、评价很高的《不说一句话的证明》,这样的做法委实很高明。

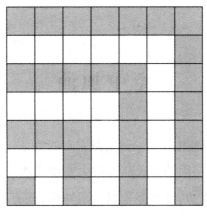

图1

大家都知道,医学上经常提到"并发症",本问题自然也可以节外生枝。其实,上面所说的事情,只是一个"障眼法"。它可以归结为一项性质:

两个相邻自然数的平方差是一个奇数,

即: $4^2-3^2=16-9=7=4+3$

$$21^2-20^2=441-400=41=21+20$$

由此可见,除1以外,任何一个奇数都可以用两个相邻自然数的平方差来表示,例如:

$$3=2^2-1^2$$

$$5=3^2-2^2$$

$$7=4^2-3^2$$

等等。

3,5,7都是素数,它们的表示法另有一种。

然而当一个奇数为合数时,除了可以用两个相邻自然数的平方差来表示之外,还有可能其他的表示办法,例如:

$$15=8^2-7^2=64-49=4^2-1^2$$

$$21=11^2-10^2=121-100=5^2-2^2=25-4$$

德国大数学家希尔伯特曾经说过一句调侃的话,当别人问他,何以好久看不到他的一位高徒时,他幽默地回答:"他另有高就,作为数学家,他太缺乏想象力了。"

空中加油

几年前,新闻媒体报道了一则振奋人心的消息:飞行员琼斯驾驶一架喷气式飞机,在环球一周的不着陆飞行中获得成功。这是一次了不起的远距离飞行。琼斯的成功,不仅是他自己的功劳,还有着其他同型号的两架飞机的功劳。可说是"牡丹虽好,还须绿叶相扶"。因为这种型号的喷气式飞机,只能装载环球飞行半周的燃料,所需的其余燃料,必须依靠其他两架飞机在空中给他补充。

琼斯的环球飞行成功,给我们提出了一个有趣的问题。

空中加油必须满足下列条件:

(1)油料的补给,只限于出发的基地;

(2)加油时间极短,可以忽略不计;

(3)任何一架喷气式飞机都不能超重装载燃料;

(4)三架飞机的速度和燃料消耗量都完全相同;

(5)要求三架飞机返回基地,但可以有先有后。

你能解答这个有趣的"加油问题"吗?

为了说明方便起见,设三架喷气式飞机为 A(不着陆飞行成功的飞机)、B 和 C。

A 机用自己的燃料能够飞行的距离是全程的 $\frac{1}{2}$,剩下的一半再分成两段路程,接受空中加油,其具体做法是:

A、B、C 三架飞机满载燃料同时从基地出发,飞到全程的 $\frac{1}{8}$ 地方时,C 机把各 $\frac{1}{4}$ 的燃料分给 A、B 两机空中加油,随后利用剩下的 $\frac{1}{4}$ 油料飞回基地。这时 A、B 两机的油箱都装满了。两机再同飞 $\frac{1}{8}$ 路程后,B 机把 $\frac{1}{4}$ 的燃料补充给 A 机。

这时,由于 B 机的燃料还剩下全部的 $\frac{1}{2}$,刚好可以返回基地。

A 机的油箱又装满了。所以这一次它可以单独飞行全程的 $\frac{1}{2}$,此时 A 机已飞行了全程的 $\frac{3}{4}$。

因为 C 机早在 A 机飞行全程的 $\frac{1}{8}$ 时折返飞回基地,所以它在 A 机飞行全程的 $\frac{1}{4}$ 时便已到达基地。C 机有足够的时间装满燃料,在 A 机飞行全程

的 $\frac{1}{2}$ 的时刻起飞，与 A 机相向飞行，迎接 A 机。在 A 机用完燃料、飞行全程的 $\frac{3}{4}$ 时，C 机恰好赶到，将 $\frac{1}{2}$ 的燃料补充给 A 机，然后 A 机与 C 机一道飞抵基地。

说穿了，其实这只是一道极简单的分数问题，由于地球是个"球"形，把许多人给迷惑住了。

难以捉摸的表情

即使你不学物理，也可能知道爱因斯坦，他的名声之大，世罕其匹。他是 20 世纪最伟大的科学家之一，相对论的缔造者。曾经有人推举他出任以色列国的总统，被他一口回绝了。

晚年，爱因斯坦想把引力理论与电磁力纳入"统一场论"的体系中去，却遇到了挫折，另外，他还有一些生活上不如意的事情，因而他的表情有时很奇特，令人捉摸不透：有几分滑稽，又有几分发呆。在世上流传着的一张照片上就表现了他的一副怪模样：吐着舌头，凝视前方，额上皱纹毕露。

某校高二年级有一个班，班上的学生全部选修物理，大家对爱因斯坦的表情表现出浓厚的兴趣，大家见仁见智，各抒己见。班主任对此进行了一番调查。

班级里大部分学生谈了自己的看法。有 12 位学生认为它表示"惊讶"；7 位学生认为这种意见可以考虑，他们并不反对，但保留其他看法；

6 位同学认为它表示"高兴"，8 位同学对此不持异议，但声明他们可以保留其他看法；

只有 1 位学生认为此种表情是在表示"幽默"，6 位学生认为这种看法也可以考虑，如果有更好的意见，他们愿意择善而从；

有位想法独特的同学认为"惊讶""高兴""幽默"三种神态兼而有之。

持这种看法的仅他一人而已。

班级里另有 9 名学生则置身事外,采取"事不关己,高高挂起"的态度,坚决拒绝表态。

试问:这个班级里一共有多少名学生?

此题相当有趣,认为"高兴""惊讶"或"幽默"的学生,他们的看法是专一的,而认为"可以考虑","不持异议"或"有保留"的人,他们的意见是模棱两可的,可能同意两种或三种意见,为此,我们可以画出图 1。两圆重叠部分表示持有两种意见的人数,三圆重叠部分则表示持有三种神态兼备的人数。如果用未

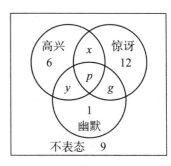

图 1

知数 x, y, g, p 分别代表相应的人数,则可列式如下:

$$\begin{cases} x+g+p=7 \\ x+y+p=8 \\ y+g+p=6 \end{cases}$$

$p=1$

这样的方程解起来自然很容易,马上可以得出:

$x=4, y=3, g=2$

于是班级的总人数为:

$12+6+1+9+x+y+g+p=28+4+3+2=37$

所以这个高二物理班有 37 名学生。

慧眼识高

吃巧克力糖大有好处,不但可以补充能量,有时还能使小朋友开窍,起到"补脑"的作用。下面就来给大家讲一个分巧克力的故事。

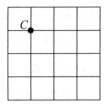

图1

一户人家有兄弟三人,爸爸拿出一块巧克力(它是由16个小方格组成的4×4正方形),叫老大先分,要求他切割时,必须经过点C(见图1)。

老大是个很懂事的孩子,虽然老爸叫自己先切,但也不能多吃多占,必须做到一律平等,每人得三分之一块。可是,怎样才能在正方形内画出一个三角形,使它的一条边通过定点C,并且面积等于正方形的三分之一呢? 由于16除以3得不出整数,这项任务看来并不简单。老大陷入了深深的思考之中。

想着想着,老大忽然跳了起来。原来他想出了一个妙计,可以干净利落,出色地达到目的。那么,他是怎样分的呢?

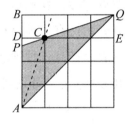

图2

其实,只要沿着对角线AQ切一刀,再通过C点和Q点切一刀(见图2),图上的阴影部分面积就正好等于4×4正方形面积的三分之一。

注意△DPC与△EQC形状相似,假设小方格的边长为1,则可知PD=$\frac{1}{3}$,于是AP的长为$3-\frac{1}{3}=\frac{8}{3}$。

我们可以把△APQ看成一个"歪摆"的三角形,底边AP不平放,而是直立的,至于△APQ的高,当然就是QB=4,因为△APQ是个钝角三角形,所以高落在三角形的外面,你看出来了吗?

从而,根据三角形的面积公式

$$S=\frac{1}{2}\times 底\times 高$$

求出△APQ的面积为

$$\frac{1}{2}\times\frac{8}{3}\times 4=\frac{16}{3}$$

于是,问题就迎刃而解了。

一分为四

面积问题总是很撩人,图形挺简单,已知信息量极少,令人跃跃欲试。然而其中却潜伏着不少陷阱和暗礁,往往很难对付。

面积问题又像是一种常用药"万金油",作为能治百病的普适良方,它有许多功能。加补助线,布列方程,搭桥铺路,少了它不行。为了跨过中学数学这道门槛,解决一定数量的面积题是必不可少的基本功。

请看下面一道平易近人,其貌不扬的题目:

两条线段将一个三角形一分为四,其中三个三角形的面积分别为5,8,10,求上面这块带有"?"号的图形的面积。

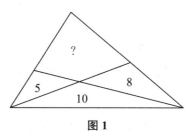

图1

这个图形看上去空空荡荡,简直有点无所措其手足。为此,我们必须采取"分而治之"的办法。上面这块是一个四边形,让我们来做一条辅助线,把 A、F 两点连起来(见图2),这样一来,四边形就被分成了两块,其中每一块都是一个三角形。

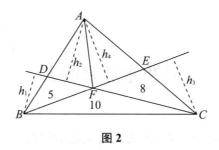

图2

你不要认为这种做法是"换汤不换药",没有多大用处。其实,它的作用不小。四边形是囫囵一块,我们啃不动它,拆成两个三角形后,就可利用三角形面积公式找关系了。

由图 2 不难看出,△BFD 与△BFC 是异底同高的图形,"真人必须及早亮相",我们干脆把高 h_1 画出来,让大家打消疑虑,看得更清楚些,既然 10 ÷ 5=2,△BFC 的面积是△BFD 面积的 2 倍,所以 FC=2FD。

现在来推敲△AFC 与△AFD 面积之间的关系,这两个三角形也是异底同高的图形(它们共同的高就是图上的 h_2),所以如果设△AFD 的面积为 x,则△AFC 的面积必然就是 $2x$ 了,由此推出△AFE 的面积为 $2x-8$。

我们干脆来个"一不做,二不休",把 h_3 画出来,由于 10 ÷ 8=1.25,△BFC 的面积是△EFC 面积的 1.25 倍,可见 BF=1.25EF。

现在请出第四位金刚 h_4,可见△ABF 的面积是△AEF 面积的 1.25 倍,从而列出方程。

$$5+x=1.25(2x-8)$$

解这个一元一次方程,马上就能得出 $x=10$,从而求出四边形 ADFE 的面积为

$$10+(10 \times 2-8)=22$$

而整个三角形 ABC 的面积为

$$22+8+5+10=45$$

顺便说一句,我们还可以来一个"乘胜追击",把四个高 h_1,h_2,h_3,h_4 之间的关系统统求出来,这可是题目没有要求我们去做的,可说是额外的"小费"或"奖金"了!

花生米放来放去

小时候最喜欢吃花生米,从来没有厌倦的时候。衣服、裤子的许多口

袋里到处都有此物。时间一长,吸收了潮气而变味了,不能再吃,损耗不少。于是下了决心,集中放在一只口袋里。待我养成习惯之后,逐渐旁敲侧击,"悟"出了下面的数学游戏。

今有四只衣袋,每次可以从两只有花生米的袋子里,各取一粒花生米放到其他任一只衣袋。这样的动作就称作一次移置。

如果开始时,上衣和裤子的四只口袋里各有 5,4,3,2 粒花生米,你能不能通过有限次移放动作,把所有的花生米都集中到上衣的右边口袋里去?

为了叙述简洁,省略许多啰哩啰唆的废话,我们将把四只口袋里的花生米粒数,用一个有序数组来表示,并将上衣的右、左口袋,裤子的右、左口袋称为第一、二、三、四只口袋。

做好了这样的交代以后,我们就可以通过六次移放动作,把分散在四只口袋里的花生米集中起来,具体动作如下:

$$(5,4,3,2) \rightarrow (7,4,2,1) \rightarrow (9,4,1,0) \rightarrow (8,3,3,0) \rightarrow$$
$$(10,2,2,0) \rightarrow (12,1,1,0) \rightarrow (14,0,0,0)_{\circ}$$

应当看到,第一只口袋里的花生米粒数不可能一股劲地增加,有时也必须以退为进,放到其他口袋里去。让我们再来看一种比较特殊的情况,即初始状态为 $(3,1,0,0)$ 的情况,这时就需要经过来回五步的手续,才能最后集中到第一只口袋,即

$$(3,1,0,0) \rightarrow (2,0,2,0) \rightarrow (1,2,1,0) \rightarrow$$
$$(0,2,0,2) \rightarrow (2,1,0,1) \rightarrow (4,0,0,0)_{\circ}$$

当然,移置的方法不是只有一种。

现在可以进而讨论更一般的问题。对于 n 只口袋来说,只要所有的花生米不在一只袋子里,都可以将花生米向第一只口袋转移,直到不能再移置。这时,只有一只口袋里有花生米,其他口袋里都已没有。

后一种情况意味着任务已经完成,无须再讨论了。倘若还有一只口袋里有花生。则在第二只口袋里的花生米多于1粒时,可以从第一、二只口

袋中各取一粒放到第三只口袋中,再从第二、三只口袋里各取一粒放到第一只口袋中。反复采用这种办法可将其他口袋里的花生米完全搬到第一只口袋中去,至多剩下一粒。

如果第二只口袋里只剩下一粒,其余的花生米全都在第一只口袋里,就可以仿照上文的第二种方法,通过五次移放手续将所有的花生米全部集中到第一只口袋中去。

移置花生米当然只是一种比喻,实际上我们是在研究数学里的某种变换,目的在于寻找一般方法,研究一般规律并找到切实可行的步骤来加以落实。

辅助线帮了大忙

常常听人说,几何不好学,里面有许多"坎",一道又一道,难以跨越,于是有人产生了厌学情绪,有人打算放弃……

遇到难题束手无策,尤其是不懂得利用辅助线是学不好几何的原因之一。从根本上来说是脑子不够"活"的缘故。

不妨从一个最简单的例子说起,对下面的钝角三角形 ABC 来说,正放时,一般是以 BC 为底,$AD=h$ 为高的,但有时也可以 AB 为"底",这时的高就将落到三角形外面去了(见图 1 上的 h')。

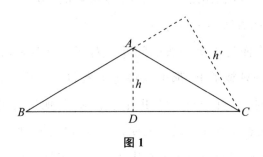

图1

下面让我们来看一道由来已久、历来大受称道的名题:在长方形 $ABCD$ 中,EF 平行于对角线 AC,如果 $\triangle BFC$ 的面积是 a 平方厘米(a 是一个已知数),求 $\triangle AEB$ 的面积。(见图 2)

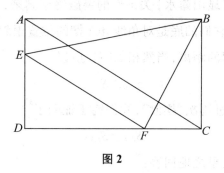

图 2

图 2 看上去很简单,线条不多,看上去空荡荡的,然而 $\triangle BFC$ 与 $\triangle AEB$ 浑身不搭界,似乎"风马牛不相及",想来想去都感到无从着手,怎么办呢?

"山重水复疑无路,柳暗花明又一村",于是只好依靠辅助线来穿针引线,寻找关系了。

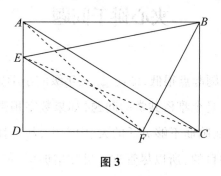

图 3

分别连接 AF 与 CE(见图 3)。现在来看 $\triangle BFC$ 与 $\triangle AFC$,显然它们是同底等高的三角形。你看出来了吗? 它们的底都是 FC,而高则是长方形的对边 AD 与 BC,当然相等,因此我们发现

$$S_{\triangle AFC} = S_{\triangle BFC}$$

类似地，我们发现$\triangle AEB$与$\triangle AEC$也是同底等高的关系，它们的底都是AE，而高则是长方形的另一组对边AB与CD，于是

$$S_{\triangle AEB}=S_{\triangle AEC}$$

现在已经有点显山露水，关键性的突破终于到来，我们来比较$\triangle AEC$同$\triangle AFC$的关系，它们的底是对角线AC（摆的位置歪斜，很不易看出），而高则是平行线之间的距离，当然相等啰！所以

$$S_{\triangle AEC}=S_{\triangle AFC}$$

这样一来，经过逐次"摆渡"，我们终于证明了

$$S_{\triangle AEB}=S_{\triangle BFC}$$

从而可以堂而皇之地回答：

$\triangle AEB$的面积也是a平方厘米。

看，多么神奇的辅助线！在两个看起来毫不相干的三角形之间架起了一座便桥。逢山开路，遇水搭桥，真是"一桥飞架南北，天堑变通途"了。

夹心饼干问题

"夹心饼干"问题起点很低，即使二、三年级的小学生也可以动手尝试，进行探索。但它又是个雅俗共赏的问题，如果数字稍微大一些，就足以难倒数学修养很高，而脑筋不够灵活的大、中学生，甚至教师。一般奥数教材中并不收录这类题目的，所以尽管进了奥数培训班，但对于缺乏独立思考精神的人，碰到它之后依然无计可施。

让我们从最简单的情况开始谈起，要把六个数字1，1，2，2，3，3写成一行，使得两个1之间夹着一个数字，两个2之间夹着两个数字，两个3之间夹着三个数字。

在动手做题目之前，最好先来想一想：为什么一定要从六个数字开始

呢？如果拿四个数字 1,1,2,2 来开刀,行不行呢？

现在言归正传,语文水平较高,能理解题意的二三年级小学生也能解决此题。因为两个 1 之间必须夹进一个数字,这个数字当然不是 2 就是 3。如果两个 1 的中间夹着 2,那就可以排出一行:121,这时左右两侧只能是两个 3 才符合要求,于是就排出了一行的五个数字:31213,还剩下一个 2,可以放在数字串的左侧或右侧。这样一来, 就立即求出了本问题的两个答案: 231213 或 312132。如果当初在两个 1 之间夹着 3,排出数字串 131 的话,这时就只能在左侧或右侧写上 2,即 2131 或 1312,而另一个 2 就无处可放了。所以本问题的答案只能是 231213 或 312132,它们是一对"回文数"。

题目做完了,但并没有真正"完",只好算"开宗明义"。如果把六个数改成八个,即 1,1,2,2,3,3,4,4,试问:能否继续满足"夹心"的要求呢?

这个问题解决起来也不算难。通过探索和试验,可以很快找到正确的答案:23421314 或 41312432。

但是,如果将开始时的数目增加到十个,即 1,1,2,2,3,3,4,4,5,5,要求仍是一样,那么,无论你花费多少时间,排来排去,却始终不能成功。

这真有点令人灰心丧气,但本问题的奥妙与魅力也正在这里。因为,当初始条件增加到十六个数字,也就是 1,1,2,2,3,3,4,4,5,5,6,6,7,7,8,8 时,满足要求的数字串却又是千真万确地存在的,它们就是:

6274258643751318 或 8131573468524726

同上面所说的一样,它们仍然是一对"回文数"就像是穿衣镜前照镜子的人。

下面让我们再来做一些进一步的探索。对 $2n$ 个数目字 1,1,2,2,3,3,4,4,5,5,6,6,7,7,$\cdots$,n,n 的夹心饼干问题,我们使用"染色法",这时将令有 n 个黑色位置和 n 个白色位置,偶数有 $\frac{n-1}{2}$ 对,奇数有 $\frac{n+1}{2}$ 对。由于每对奇数要占据相同颜色的两个位置,于是剩下 $\frac{n+1}{2}$ 个黑色位置和 $\frac{n+1}{2}$ 个白色位置就必须是偶数个,这说明 $n+1$ 必须是 4 的倍数,或者说 n 应是被 4 除时余下 3 的数,例如 7,11,15,19,$\cdots$

以上讨论了 n 为奇数的情况，当 n 为偶数时，也可以得出类似的结论，即仅当 n 为 4 的倍数时，才能排得出满足要求的数字串。

下面我们再写出当 $n=7$ 时的"夹心饼干"问题的解：

73161345726425 或 52462754316137

它们当然也是一对"难兄难弟"，互为回文数。

自 动 扶 梯

在大城市里，自动扶梯已司空见惯，成为一种常见的景观，火车站、地铁、轻轨、城市副中心的下沉式广场，到处都能看到。在报刊或竞赛中也经常见到这类问题。但不无遗憾的是，参赛者的得分率一般都不高，而说理不清、概念模糊等毛病也随处可见，需要花点力气去切实加以纠正才行。

下面来讲两个例子，都曾引起过热烈争议。

例一，自动扶梯以均匀的速度由下往上地行驶，两位性急的孩子要快步上楼，已知男孩每分钟走 20 级，女孩每分钟走 15 级，结果男孩用了 5 分钟到达楼上，女孩用了 6 分钟到达楼上。

试问：自动扶梯露在外面的部分共有多少级？

上楼的速度可以分为两部分，一部分是男孩、女孩的行走速度，另一部分是自动扶梯的上行速度。男孩 5 分钟走了 100 级，女孩 6 分钟走了 90 级，由此可知女孩比男孩少走了 10 级，但却多用了 1 分钟，这就表明，自动扶梯 1 分钟上升 10 级。由于男孩用 5 分钟到达楼上，他上楼的速度是自己的速度与自动扶梯的速度之和，所以扶梯露在外面的部分共有

$$（20+10）\times 5=150（级）$$

如果站在女孩的角度，可以求出

$$（15+10）\times 6=150（级）$$

答案是一致的。

例二,自动扶梯以均匀的速度向上行驶,一位男孩与一位女孩同时从自动扶梯向上走,男孩的速度是女孩的 2 倍。男孩走了 27 级到达顶部,而女孩走了 18 级到达顶部。

试问:自动扶梯露在外面的部分有多少级?

原先的解法糊涂得很,已有许多人纷纷指出其不足之处。

为了把问题说清楚,让我们引入时间概念,不妨假定男孩每秒走 1 级,自动扶梯每秒走 x 级,27 秒后,男孩到达了楼上,所以自动扶梯外露部分的长度是 $27(1+x)$。

女孩的速度只有男孩的一半,所以她得用 2 秒钟才走 1 级,在这段时间内,自动扶梯向上走了 $2x$ 级。女孩用了走 18 级的时间(即 $18 \times 2=36$ 秒),走完了自动扶梯外露部分的全长 $(1+2x) \times 18$。

由于自动扶梯外露部分的级数是个常量,从而可以列出方程

$$27(1+x)=18(1+2x)$$

这是一个一元一次方程,解起来当然简单之至,我们有 $27x+27=36x+18$

$$9x=9,所以 x=1$$

因而自动扶梯露在外面的级数是

$$(1+1) \times 27=54(级),站在男孩的立场来算$$

如果站在女孩的立场,则有

$$(1+2) \times 18=54(级)$$

自然结论一致,没有毛病了。

放缩与夹击

要想学好数学,进入它的庄严殿堂,如果光停留在欣赏上,那就只能是浮光掠影,走马观花,必须掌握它的许多常用技法,就好比学习中国画一定要懂得"十八描"一样。而下文将要简略介绍的放缩法,便是练武者非备不

可的一种套数。

例一：设 $A=\dfrac{39}{70}$，$B=\dfrac{393837}{707172}$，试比较 A 和 B 的大小。

我们知道，一般情况下，在比较异分母的分数大小时，往往需要先通分，但对本题来说，"通分"的办法显得不切实际，笨拙得很。

观察这两个分数，根据它们的特点，把 A 的分子、分母同时乘上 10101，从而得出 $A=\dfrac{393939}{707070}$，于是显然就有 $\dfrac{393939}{707070}>\dfrac{393837}{707172}$，所以 $A>B$。

例二：设 $x=\dfrac{10}{100}+\dfrac{10}{101}+\dfrac{10}{102}+\cdots+\dfrac{10}{110}$，求 x 的整数部分是多少。

由于 x 是由 11 个分母不同的分数相加而得的，显然 $\dfrac{10}{110}<\dfrac{10}{109}<\cdots<\dfrac{10}{101}<\dfrac{10}{100}$，

设想这 11 个分数都是 $\dfrac{10}{110}$，则它们的和将是 $\dfrac{10}{110}\times 11$，这样一来，分母被扩大了，所以分数值肯定要比原来的小；

再设这 11 个分数都是 $\dfrac{10}{100}$，则它们的和将是 $\dfrac{10}{100}\times 11$，分母被缩小了，所以分数值要比原来的大；

综合以上两种情形，于是可以得出以下不等式：

$$\dfrac{10}{110}\times 11<x<\dfrac{10}{100}\times 11，$$

即 $1<x<\dfrac{11}{10}$

不难看出，x 的取值范围应在 1 与 $\dfrac{11}{10}$ 之间，所以它的整数部分是 1。

放缩法有时的技巧要更细致，更成熟一些，请看下面的例子。

例三：设 $S=\dfrac{1}{10^2}+\dfrac{1}{11^2}+\dfrac{1}{12^2}+\cdots+\dfrac{1}{99^2}+\dfrac{1}{100^2}$，试问：在把 S 化成小数以后，小数点后的两位数字是几？

此题可用"放大缩小法"要确定 S 的取值范围。

出来做缩小，只要把分母部分扩大些，可得出

$$S=\dfrac{1}{10^2}+\dfrac{1}{11^2}+\cdots+\dfrac{1}{99^2}+\dfrac{1}{100^2}>\dfrac{1}{10\times 11}+\dfrac{1}{11\times 12}+\cdots+\dfrac{1}{100\times 101}$$

$$= \frac{1}{10} - \frac{1}{11} + \frac{1}{11} - \frac{1}{12} + \frac{1}{12} - \cdots + \frac{1}{99} - \frac{1}{100} + \frac{1}{100} - \frac{1}{101}$$

$$= \frac{1}{10} - \frac{1}{101}$$

所以 $S>0.09$

再做扩大,只需把分母缩小一些,

即 $S < \frac{1}{10^2} + \frac{1}{10 \times 11} + \frac{1}{11 \times 12} + \cdots + \frac{1}{99 \times 100}$

$$S < \frac{1}{100} + \frac{1}{10} - \frac{1}{11} + \frac{1}{11} - \frac{1}{12} + \cdots + \frac{1}{99} - \frac{1}{100}$$

$$S < \frac{1}{100} + \frac{1}{10} - \frac{1}{100}$$

$S < 0.1$

综合两项结果,即有 $0.09 < S < 0.1$。

故知 S 小数点后面的两位数字是 0 和 9。

放大、缩小两种办法,往往"双管齐下",以便做到两边夹击,早出成果,请看下面的例题。

例四:有人用四舍五入法求得 $\frac{a}{18} + \frac{b}{7}$ 的近似值是 0.34。试求这两个分数的分子各是多少。(a, b 都必须是自然数)。

由题意可知 $\frac{a}{18} + \frac{b}{7}$ 的近似值是 0.34,这就意味着

$$0.335 \leqslant \frac{a}{18} + \frac{b}{7} < 0.345$$

$$即\ 0.335 \leqslant \frac{7a + 18b}{126} < 0.345$$

在不等式两边同乘以 126,便有

$$42.21 \leqslant 7a + 18b < 43.47$$

由于 a, b 都必须是自然数,所以必有

$$7a + 18b = 43$$

从上述不定方程来看,b 只能取 1 或 2 两个值,但当 $b=1$ 时,a 将是 $\frac{25}{7}$,不合题意。故仅当 $b=2$ 时,$a=1$。

所以这两个分数必定是 $\frac{1}{18}$ 与 $\frac{2}{7}$。

空瓶换酒

某大卖场为了促销,规定 3 只空瓶可以换 1 瓶酒。老王买了 10 瓶酒,喝完以后又去拿空瓶换酒吃。试问:他一共可以换到多少瓶酒?

这个问题好解决,但有人还是感到头痛。老王买了 10 瓶酒,统统喝光之后,用 10 只空瓶换来了 3 瓶酒,同时还剩 1 只空瓶;他把酒喝光之后,手里有 4 只空瓶。他拿其中的 3 只空瓶换来了 1 瓶酒。喝光之后,手里剩下 2 只空瓶。

如果你认为用空瓶只能换回 4 瓶酒,那就错了! 因为他只要找朋友借 1 只空瓶,便可凑满 3 只空瓶,再换到 1 瓶酒,老王把酒喝掉之后,把空瓶再还给朋友,朋友毫无损失,乐得做个人情,所以一般是愿意出借空瓶的。

那么,再多借些空瓶,多换点酒来喝,行不行呢?不行,因为那时将没有足够多的空瓶还给朋友,然而,朋友"小气"得要命,只借不还,他是决不答应的!

以上说法是有数学根据的。

因为:　3 只空瓶=1 瓶酒

　　　　　1 瓶酒=1 只空瓶+500 毫升的酒

请注意,我们在这里采用了瓶与酒分离的办法,目的完全是为了说清问题。

"代入"以后,就得到

　　　　　3 只空瓶=1 只空瓶+500 毫升酒

移项后即得　2 只空瓶=500 毫升酒。

由此看来,10 只空瓶本来就应该换回 5 × 500=2500 毫升酒,让老王喝到肚子里去! 换句话说,老王花掉买 10 瓶酒的钱,实际可以喝到 15 瓶酒。

推而广之,可以得出这样的结论:买 2n 瓶酒,实际可以喝到 3n 瓶酒,或者说,要喝到 n 瓶酒,只需花钱买 $\frac{2}{3}n$ 瓶酒就行了。

换句话说,如果单位里开联欢会,采购员用现金或刷卡的办法去买 300 瓶酒,采用"空瓶换酒"的办法(必要时要借空瓶,但必须做到"有借必还,一个不缺")之后,实际可以喝到 450 瓶酒,供 150 人的单位饮用,绰绰有余了。

如果超市改变办法,规定 m 只空瓶可换 n 瓶"可乐"(一般 m 要远大于 n,即 m:n 的比值远大于 3),那么根据同样的道理,可以推出下列结论:

花钱或刷卡买 p 瓶可乐之后,最终可望实际喝到 $\frac{mp}{m-n}$ 瓶可乐;

要想喝到 p 瓶可乐,只要花钱或刷卡去买 $\frac{m-np}{m}$ 瓶可乐就够。

论 功 行 赏

"论功行赏"这句成语,最早出自司马迁的《史记》。汉高祖刘邦灭了项羽,当上皇帝之后,要对功臣们评定功劳的大小,给予封赏。由于群臣争相表功,人人都想加官晋爵,经过一年多时间,还是没有摆平。

刘邦表态了,他认为萧何的功劳最大。群臣哗然说,我们在战场上拼命杀敌,萧何却始终身居后方;他远离战场,现在却评为第一,我们实在不服。刘邦便用打猎作比方。他说,打猎时,追咬野兽的是猎狗,但发现野兽踪迹的是猎人,大家只是捉到野兽而已,而萧何发现了野兽,指出了攻打目标,其作用就像猎人一样。刘邦这一说,群臣便不吭声了。当然仍有不服的人,但他们知道刘邦的为人,如果再坚持下去,必将带来杀身之祸,只好自己识相,识时务者为俊杰了。

除了萧何之外，还有一个曹参。攻城夺地，功劳很大。刘邦把他排在第二位，大家倒是心服口服。

不过，汉高祖刘邦是一个非常自私的人。他把天下看成是刘家的私产，即使有天大的功劳，如果不姓刘，不是他的子侄，最多只能封侯，不能封王。历史学家把他的这种做法称为"非刘不王"。

无独有偶。某大公司年终分红时，总经理打算送一些"红包"给他手下五员得力干将。由于功劳大小各有不同，总经理决定按功分配，不能吃"大锅饭"，以体现他的赏罚分明。

大家都知道，在算术里头，1的用处极大。一笔巨款，一项工程，一批货物等等都可以用1来表示，换句话说，总经理的意思就是要把1分成不相等的五份，即

$$1 = \frac{1}{a} + \frac{1}{b} + \frac{1}{c} + \frac{1}{d} + \frac{1}{e}$$

其中 a, b, c, d, e 都是互不相等的正整数。

哈哈！这下子我们就把论功行赏同算术问题挂上了钩。

由于

$$1 - \frac{1}{2} = \frac{1}{2}, \frac{1}{2} - \frac{1}{3} = \frac{1}{6}, \frac{1}{3} - \frac{1}{4} = \frac{1}{12}, \frac{1}{4} - \frac{1}{5} = \frac{1}{20},$$

把以上四个式子的左边、右边分别相加，即有

$$1 - \frac{1}{5} = \frac{1}{2} + \frac{1}{6} + \frac{1}{12} + \frac{1}{20}$$

通过移项，马上就得到等式：

$$1 = \frac{1}{2} + \frac{1}{5} + \frac{1}{6} + \frac{1}{12} + \frac{1}{20}$$

另一种办法是，因为 $\frac{1}{2} + \frac{1}{3} + \frac{1}{6} = 1$，

于是

$$1 \times 1 = \left(\frac{1}{2} + \frac{1}{3} + \frac{1}{6}\right) \times \left(\frac{1}{2} + \frac{1}{3} + \frac{1}{6}\right)$$

保留第一个括号里面的前两项，而把 $\frac{1}{6}$ 与第二个括号里面的分数相

乘,即可得出:

$$1=\frac{1}{2}+\frac{1}{3}+\left[\frac{1}{6}\times\left(\frac{1}{2}+\frac{1}{3}+\frac{1}{6}\right)\right]$$

$$=\frac{1}{2}+\frac{1}{3}+\frac{1}{12}+\frac{1}{18}+\frac{1}{36}$$

有个小朋友听到这里,马上想到了下面的这种做法:

$$1=\frac{1}{3}+\frac{1}{6}+\left[\frac{1}{2}\times\left(\frac{1}{2}+\frac{1}{3}+\frac{1}{6}\right)\right]$$

$$=\frac{1}{3}+\frac{1}{6}+\frac{1}{4}+\frac{1}{6}+\frac{1}{12}$$

不过后来他自己觉得不妥当,因为$\frac{1}{6}$这个分数相重了,与题意不符。

第三种办法则是利用完全数的性质。所谓完全数,就是一个数除去它本身以外的各因子之和正好等于此数本身。28是第二个完全数(顺便讲一下,6是第一个完全数),于是不难写出:

$$1=\frac{1}{2}+\frac{1}{4}+\frac{1}{7}+\frac{1}{14}+\frac{1}{28}$$

"八仙过海,各显神通",分法也许还有。孩子们,快开动脑筋,多想出几个答案来,行吗?

埃 及 分 数

埃及同中国、印度、古巴比伦号称文明的四大策源地。古代埃及人很早就知道有分数的存在,但是他们在很长一段时期内只重视"单位分数"(即分子为1,分母为大于1的自然数),遇到其他分数时,他们都习惯上将它分解为若干个单位分数之和,例如$\frac{3}{4}=\frac{1}{2}+\frac{1}{4}$,$\frac{5}{6}=\frac{1}{2}+\frac{1}{3}$等等。

这类问题经常出现在各种场合,从未见过的人感到相当棘手,有人甚至写成了极冗长的文章,连篇累牍地来陈列,令人产生"学不会,记不住"的感觉。其实,只要掌握要领,三言两语,很快就能对付过去。

先讲拆分成两个单位分数的办法。

如果 $\dfrac{1}{x}=\dfrac{1}{m}+\dfrac{1}{n}$，其中 x,m,n 都是正整数，而且 $m\neq n$，显然 m,n 都比 x 大。

不妨设 $m=x+p,n=x+q$

则 $\dfrac{1}{x}=\dfrac{1}{x+p}+\dfrac{1}{x+q}$

通分后比较分子、分母，可以得出

$$(x+p)(x+q)=x(x+q)+x(x+p)$$

$$x^2+px+qx+pq=x^2+qx+x^2+px$$

于是推出重要关系式：$x^2=pq$

以此为准绳，很快就能分解了，其速度之快，简直可以说是"立等可取"。

例：请把 $\dfrac{1}{12}$ 拆成两个单位分数之和，尽可能写出不同的分拆法，多多益善。

由于 $12^2=144=1\times144,12+1=13,12+144=156$，

所以马上可以写出

$$\frac{1}{12}=\frac{1}{13}+\frac{1}{156}$$

类似地有 $144=2\times72$，

从而有 $\dfrac{1}{12}=\dfrac{1}{14}+\dfrac{1}{84}$

另外还有 $144=3\times48$，

相应地便有 $\dfrac{1}{12}=\dfrac{1}{15}+\dfrac{1}{60}$

除了这些分解法之外，还有 $144=4\times36=6\times24=8\times18=9\times16$。

所以还能一口气写出四组解，即

$$\frac{1}{12}=\frac{1}{16}+\frac{1}{48},$$

$$\frac{1}{12}=\frac{1}{18}+\frac{1}{36},$$

$$\frac{1}{12}=\frac{1}{20}+\frac{1}{30},$$

$$\frac{1}{12}=\frac{1}{21}+\frac{1}{28}。$$

本题共有七组解,可谓"得来全不费工夫"。

说到这里,人们一定会问:如果要将$\frac{1}{a}$化成n个(n大于2)不同的埃及分数之和,那怎么办呢?

办法挺简单的,可分两种情况:

如果a是偶数,则只需将分子和分母同时乘以3,即可将

$\frac{1}{a}=\frac{3}{3a}=\frac{1}{3a}+\frac{1}{3a\div 2}$拆成两个单位分数了,

例如可将$\frac{1}{28}$拆分为$\frac{3}{84}=\frac{1}{84}+\frac{1}{42}$,

从而就有$\frac{1}{28}=\frac{1}{42}+\frac{1}{84}$了;

倘若a是奇数,则可先将$\frac{1}{a}$化成$\frac{1}{2a}+\frac{1}{2a}$,

然后再按照上面的办法处理,

例如

$$\frac{1}{21}=\frac{1}{42}+\frac{1}{42}=\frac{3}{126}+\frac{1}{42}=\frac{1}{126}+\frac{1}{63}+\frac{1}{42}$$

而原先的$\frac{1}{12}$就可以表示成四个埃及分数之和了,

即:$\frac{1}{12}=\frac{1}{28}+\frac{1}{42}+\frac{1}{63}+\frac{1}{126}$

当然,除了上面的办法之外,还可以另起炉灶,反复应用前面所述的$x^2=pq$的办法,那就不必去管奇数、偶数了。

就像树龄数百年的古树名木一样(扬州驼岭巷中的大槐树,隋唐时代就有了,"南柯一梦"的故事由它而起,此树至今还在,每年海内外游客前来拜谒者不计其数),枝叶繁茂,铺天盖地。把一个分数分解之后,解法之多,将使你瞠目结舌,引起一种惊骇的感觉。

再继续做下去,那就是算法的如法炮制,不断重复,索然无味,毫无意思了。

再好的茶叶,西湖龙井、君山银针、信阳毛尖,甚至云南普洱茶,多次冲泡以后,味道就同白开水差不多了。

谁是幸运儿

　　一群小学生围着一个圆圈做游戏，从某一个小朋友开始，按照顺时针方向"一，二；一，二…"地报数，凡是报到"一"的孩子立即退出圈子，报到"二"的孩子仍旧留在原地。照这种方式一直报下去，圆圈上的人越来越少，最后只剩下一个小朋友，他或她便是"幸运儿"。做这个游戏的人数可以随便定，没有什么限制。

　　也可以在纸上做这个游戏。先画一个圆圈，在圆周上定出一些点子，按顺时针方向编上序号1，2，3…第1号点子代表第1位开始报数的小朋友，然后用笔将它划去，以后可按顺时针方向每隔一点划去一个点，就这样一直划下去，直到最后圆周上只剩下一点为止。这个"硕果仅存"的点（代表某一位同学）便是"幸运儿"了。

　　上述方法称为"图上作业法"，是单人游戏的一种最简单、方便的办法，几乎不花费什么成本，自古以来，"打五关"等游戏就用它来作为文娱活动或消遣。

　　经过一再试验，人们发现了一条相当简单规律：当参加游戏的小朋友人数是2人，4人，8人，16人，32人…一般说是 2^n 人，最后留下的幸运儿的序号就是 2^n 号。

　　当最初做游戏的人数不是 2^n 时，"幸运儿"的序号就有点变化莫测了。然而本游戏的奇妙之处也正在这里。

　　为了方便和统一，让我们规定，开始报数的小朋友序号为1，最后的一个小朋友序号为0（因为大家排成圆圈，最后一个必然就是第一人的左邻，而这同1的左边为0是完全吻合的）。

　　若做游戏的小朋友共有 m 人，把 m 用二进制数表示，然后将首位的1划去，再在末尾添个0，然后将这样得出来的二进制数转换成十进制数，它便是"幸运儿"的序号了。

举两个例子来说明一下,如果 $n=21$,用二进制数来表示时便是 10101,划掉首位数再在末尾添上 0,即得新二进制数 01010,它相当于十进制数的 10,也就是说,最后剩下的"幸运儿"是原来序号为 10 的同学。

如果 $n=32$,它的相应二进制数为 100000,划去首位,再在末尾添 0 后将是 000000,也就是 0,即幸运儿是最后一名(第 32 名)小朋友。

这是一个确定"幸运儿"的非常有效、直截了当的秘诀,有人戏称此法为"乾坤大挪移"。

公说婆说皆有理

有位心理学家曾经做过一个实验:他先请来二十位男女大专院校学生,在黑板上画了一个大大的圆,笑嘻嘻地问道:"这是什么?"

大学生们的答案完全一致:"它是一个圆"。

后来,他又请了二十位幼儿园小娃娃,也问他们:"这是什么?"小朋友们的回答可是五花八门:月亮、西落的太阳、面盆、脚桶、吃饭台子、茶杯垫子、月饼盒子,几十种答案,无奇不有。原来,幼儿园的小朋友们不受条条框框的束缚,敢于大胆想象,富有独立思考的精神。

现在社会上流行一种找规律填数字的动脑筋题目。有位小学低年级的学生曾遇到这样一道题目:

请按照规律填充适当的数目:

2,4,16,(?)

这位姓戴的小学生想道:2 与 4 之间相差 2,4 和 16 之间相差 12,那么 16 和后面一个数之间应该相差 22,所以他认为,答案应该是 38。

但是他的妈妈不是这样想的,由于 $2 \times 2=4$,$4 \times 4=16$,所以他的妈妈认为,答案应该是 16×16,即应该填入 256。

老师却认为应该按"翻倍"规律办事，原数是2，翻一番得4，然而从4到16是"翻二番"了。所以下一步必然应该是16"翻三番"，即16→32→64→128，故而答案应该是128。

真是"公说公有理，婆说婆有理"，究竟谁说得对？

可以说，大家说得都有道理，"唯一解"同本题挂不上钩，因此谈不上什么是标准答案。

让我们再来看曾在中央电视台"开心辞典"节目中公开播出过，曾吸引了很多收视者的一道"闯关题"：

如果已知一列数的前面五个是

$$0, 4, 18, 48, 100$$

请问第六个数是多少？

当时的"闯关人"思考了半天，总算回答："第六个数是180"，于是得到了主持人王小丫的肯定，"闯关"宣告成功。

180这个答案是怎么得出来的呢？当时的电视节目和王小丫都没有做过任何交代。收看的人，大多默认正确，算是过关了。

说也奇怪，"闯关者"所用的办法，其实同上面低年级小朋友的方法大同小异，不过更复杂一些而已。

请看下面的高次等差数列，自然一看就懂，不需要我们多费笔墨了：

$$
\begin{array}{ccccccc}
0, & 4, & 18, & 48, & 100, & 180 & \cdots \\
4, & 14, & 30, & 52, & 80 & & \cdots \\
10, & 16, & 22, & 28 & & & \cdots \\
6, & 6, & 6, & & & & \cdots
\end{array}
$$

现在进一步问，本题有唯一答案吗？答案却是一个"否"字。

通过矫揉造作的办法，我们可以"人为"地做出统管前面五个数的"规律"：

$$n^2(n-1) + (n-1)(n-2)(n-3)(n-4)(n-5)a,$$

它由二项组成，不难看出在 $n=1,2,3,4,5$ 时，第二项的值统统是0，只剩下第一项了。而它的值，在 $n=1,2,3,4,5$ 时就分别得出 $0,4,18,48,100$。

但当 $n=6$ 时，规律将成为 $180+120a$ 的形式，式子里面出现了参数 a。

由此可以推出，第六个数"宽松"得很，只要你随便说一个数，它总是对的。譬如说你要说它等于2010（世博会将于该年在中国上海举办）也行，只要取参数 $a=15\frac{1}{4}$ 或 15.25 就行。

也许出这种"闯关题"的人自己都没有想到吧！

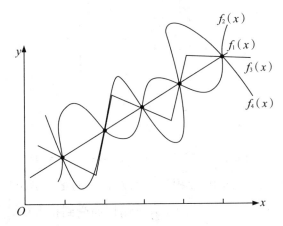

说得更深刻一些，找规律的问题其实等同于以下的问题：

已知在等距区间的各端点外的函数值，试定出这个函数。

从图形上不难看出，满足已知条件的连续函数存在着无穷多个！

那么，是不是可以说出这种题目毫无意义呢？也不能采取这种"偏激"的意见，毕竟，它们在智力培训、开发创造力等方面，还是有一定价值的啊！

寻找完美正方形

正方形自古以来就得到艺术家们的青睐。许多智力玩具都"脱胎"于正方形，例如，我国古代的七巧板就雄辩地表明，正方形分割成七块后能有多大的创造力。

正方形能不能分成更小的正方形呢？任何人都能轻易地把一张正方

形纸对折再对折,但这样的解法太平凡了,根本不算数。下面图1中那样的分法才会引起注意:一个边长为13的正方形被分成11个小正方形了,而且它们的边长都是整数。如果写成算式,那就是:

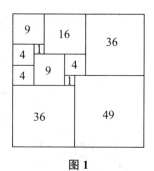

图1

$$1^2+1^2+2^2+2^2+2^2+3^2+3^2+4^2+6^2+6^2+7^2-13^2-169$$

令人遗憾的是,在图中,面积为1,4,9和36的正方形出现了不止一个,一旦出现了"雷同"现象,总是会令人不愉快而受到指责的。

那么,能不能把正方形分割成若干个不同的小正方形呢?这就是所谓的"完美正方形"问题。由于人们已经知道的立体几何知识,即任何是有整数棱长的立方体不能分割成有限个棱长互不相等的较小立方体,所以长期以来,许多著名数学家(其中有苏联的鲁金,波兰的斯泰因豪斯)都曾经断言:不可能找到完美正方形。

但是,小人物不听专家那一套,他们仍在努力寻找,并花费了大量劳动。终于不断地出现奇迹,1939年,有人把一个正方形拆分为55个不同的小正方形。1940年,又找到了能分成28个不同小正方形的办法,而且方法居然有两种,不久,28个又能降为26个。1948年,以上纪录又刷新了,减为24个。

但以后又进展迟缓,停滞不前了。直到1978年,数学家们才找到了把一个正方形拆成21个不同的小正方形的做法,从而创造了迄今为止的最高纪录。

70年前英国剑桥大学的四位大学生塔特、斯东、史密斯和布鲁克斯是这

个问题的先驱者和功臣,后来全都成了组合数学和图论方面的专家。他们的研究成果也被应用到各个领域,发挥了很重要的作用。甚至揭露了一个事先谁都意想不到的自然之谜,原来,这个问题竟然同电学中的基尔霍夫定律有着本质联系。

最高纪录的创造者兼保持者是一位荷兰数学家多杰维斯廷,他设计了一个非常巧妙而复杂的计算程序,终于找到了由最少数目(许多人相信21这个数目已经无法降低)的不同正方形所组成的完美正方形。

这些小正方形的边长分别为 2,4,6,7,8,9,11,15,16,17,18,19,24,25,27,29,33,35,37,42,50 个单位长,而组成的完美正方形的边长是 112 个单位长。

建议读者自己按精确的比例裁剪出 21 个正方形纸片,然后将它们拼成一个大的正方形,它们将密合无间,天衣无缝!

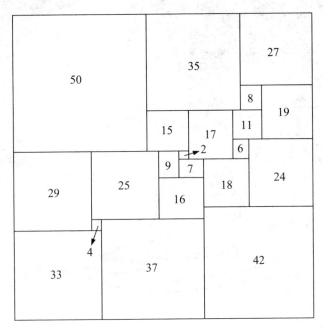

图 2

数学广角镜

龙的画法

世纪之交，龙年来临(2000年)。龙年话龙，有关龙的文章大大时兴起来。譬如说，有人把中国境内含有"龙"字的地名：龙王堂、苍龙岭、龙首关、黄龙洞、老龙头、伏龙观……统统收集起来，居然写成了一篇很冗长的文章。

有人认为，龙生活在6500万年以前的中生代，后来不知什么原因突然消亡。这种看法当然是不对的。恐龙是恐龙，龙是龙，两者截然不同，不能混为一谈。

其实，龙是我国神话和传说中的形象化和民族化的动物。华夏儿女被誉为"龙的传人"；生气勃勃被赞为"生龙活虎"；神采奕奕被叹为"龙章凤姿"；步履稳健被称为"龙行虎步"；甚至字写得好也被誉为"龙蛇飞舞"。所以，龙是中华民族悠久文化的象征。只是现在"龙文化"被歌颂得有点过了头。

作为神话和图腾崇拜的综合形象，美国一位人类学家认为，龙应该是天上的鹰和地上的蛇的"合体"。中国的龙已经不仅是一种崇拜的灵物(古人龙、凤、麟、龟合称为"四灵"，而龙居其首)，而且是一种"天人合一"的象征。从古代中国祈雨求福的龙王逐步演变成掌握臣民生杀大权，端坐龙庭的真命天子,中国的龙文化又同皇权紧紧地捆绑在一起。不能不认为,这是它的消极一面。

其实生物界中根本就没有所谓的龙。它是一个多种动物的集合体。中国的画家倒是一语道破了它的真相。

原来画龙有个秘诀:"一画鹿角二虾目,三画狗鼻四牛嘴,五画狮鬃六画麟,七画蛇身八虎眼,九画鸡脚十锦全。"

你看,一、二、三、四、五、六、七、八、九、十再加上"集合",这就把龙与数学挂上了钩。

官服上的禽兽

"衣冠禽兽"用作形容词时,具有很强烈的贬义。所谓"衣冠禽兽",意思就是穿戴衣帽的禽兽,比喻道德败坏,毫无廉耻,行为如同禽兽之人。

明代以前的书本上极少使用这个成语,这就暗示了它的由来,历史背景以及与之相应的朝代。

明、清两代已是中国封建社会的后期,但封建专制的程度非但没有削弱,反而变本加厉,因"文字狱","大不敬"等罪名而杀头、充军的人要比政治较为宽松的唐、宋时期多出不知多少。

那时,对官员品级服饰的规定也已经十分周到详尽。公、侯、驸马(皇帝的女婿)、伯爵的官服上要绣麒麟花样。在文官系列之中,一品、二品的官服上要绣仙鹤、锦鸡;三品、四品是孔雀、云雁。五品白鹇,六品、七品为鹭鸶、鸂鶒;八品、九品为黄鹂、鹌鹑、喜鹊。总而言之,文官的标志,一律用的是鸟。至于麒麟,实际上并不存在这种动物,有人认为它就是长颈鹿,但也有人坚决不同意。不管怎么说,麒麟不属于鸟类,而是与龙、凤在一起的。凡是官服上绣麒麟的人属于"皇亲国戚",要高出一个层次。或者是开国元勋,功臣的后代子孙。一般在家里放着太祖高皇帝发下的"铁券丹书",

或者"免死牌"。这种人平时也横行霸道，作威作福，根本不把"国法"放在眼里。

武官的系列则又是另一套路子：一品、二品（提督、总兵或将军、都统等）衣服上要绣狮子；三品、四品为老虎、豹子；五品熊罴；六品、七品为彪；八品、九品是犀牛、海马。总而言之，这些动物全是兽类。

文武百官分别对应着"禽"类和"兽"类，可谓泾渭分明，一清二楚。这也并不奇怪，因为在封建皇帝的眼里，文官武将都是他的奴才，是为他办事的爪牙。用"禽""兽"来刻画，倒是完全符合其潜意识的。

原来，禽兽与数字（官阶，品级）有着如此这般的联系！研究中国数字文化的学者，是不应该忽视这些实例的。

动物也识数

动物界有许多奇妙的"数学家"。它们出于生存本能的需要，肌体构造往往能符合某种数学规律，在它们的日常生活或危难环境中表现出一些运筹帷幄的本领。

大雁总是成群结队地迁移，飞行时一般都排成人字形状。有人测算过，人字形的角度大致为110°。更精确的计算表明人字形夹角的一半，即每边雁群与前进方向的夹角为54°44′8″，而金刚石晶体的角度基本上也是如此。这是巧合呢？还是某种大自然的默契？

蜘蛛的结网，其图案也很复杂而美丽，看来蜘蛛学习几何的本领很强，简直有点"无师自通"。人们即使用圆规和直尺等作图工具，也很难画出这种奇异而匀称的图案。

珊瑚虫在自己的身上记下"日历"，它们每年在自己身上"刻画"出365条斑纹，显然是每天"画"一条。奇怪的是，古生物学家们发现三亿五千万年前的珊瑚虫每年大约画出400条水彩纹路，这与天文学家的说法简直是不谋而合。他们说,当时地球的一天仅有 21.9 小时,一年不是 365 天,而是 400 天左右。

马戏团表演节目,经常有小狗、小猫、小猴等动物能认识数目,有的甚至还能做简单的加减法。不过,这是驯养员长期机械强化训练的结果。然而,动物世界里确实有先天"识"数的能耐。

在凤头麦鸡前摆放三只小盆子。一盆里放一条小虫,一盆里放二条,还有一盆放三条。经过较长时间的观察,人们发现它有时先吃二条的,有时先吃三条的,但从来不先吃一条的。这说明凤头麦鸡知道 2 大于 1,但它只能数到 2,不知有 3。

在鸽子面前放四只一模一样的盒子,里面分别放着一粒、二粒、三粒与四粒小米。实验员观察到鸽子总是先走到有四粒小米的盒子前进食,可见鸽子的识数能力较强,能够数到 4。

灰松鼠在过冬之前将松果贮存在许多地方。但食用时,它一般只能找到其中的六七堆,其余的就不再去寻找了。看来,它们能数到 7。

美国有只黑猩猩,在某一段时间内饲养员每天给它吃 10 只香蕉。后来有一天,饲养员故意只给它吃八只香蕉。吃完以后,黑猩猩显得烦躁不安,继续找香蕉吃。于是再丢给它吃一只,它依旧不肯走开,一定要吃满 10 只香蕉之后才心满意足。这表明,黑猩猩是能够数到 10 的。

世界上识数本领最大的大概要算苏联的一匹马了。它在拉车运糖时,一次只肯运 20 袋。每次装车完毕,它都要回过头来数一数。倘若超过 20 袋,它就拒绝拉车。如此"聪明"而又"斤斤计较"的动物,真是闻所未闻了。

猫 变 狗

猫是猫,狗是狗,猫怎么能变成狗呢? 其实,这只是一种英语学习与数学学习两不误的游戏,发明者是英国牛津大学的数学家、世界著名儿童文学作家刘易士·卡洛尔,不过,这是他的笔名,他的真姓其实叫道奇逊(Dodgson)。

学过英语的同学都知道,CAT(猫)和DOG(狗)是长度相等的两个简单英语单词。现在要求你从CAT开始,进行一系列变换,每次只能改变一个英文字母,得出一个意义明确的英语单词,最后得到DOG。你能做到吗?

现在让我们一起来变变看:

CAT(猫)

BAT(蝙蝠)

BAG(包,袋)

BOG(沼泽)

DOG(狗)

你看,只经过四步,"猫"就变成了"狗"。

这个游戏不仅要求会"变",而且还要求中间过程最短,用的中间词最少。这就很有点数学味道了。

就上面的例子来看,BOG这个英语单词比较冷门,是绝大多数小学生还没掌握的,甚至连中学生也都感到十分陌生,所以,这个游戏还有着扩充英语词汇量的积极意义。

前几年,有报道说,刘易士·卡洛尔先生著作的原稿以150万美元的高价被拍卖出去,全世界的很多新闻传媒报道了这一消息。当时的美元还很值钱,每桶石油只售20美元,现在涨到了120美元以上。据说上海有位藏书家,从前曾拥有《刘易士·卡洛尔全集》(进口原版书),现在可是价值不菲啊。

我们知道,十进位数字0到7在二进位里应当改记如下:

000(0)　　100(4)

001(1)　　101(5)

010(2)　　110(6)

011(3)　　111(7)

但这种记法在电路上具体实现时有不少缺点。譬如说，从 3 到 4 时，需要同时发生三次改变，即 0 变 1，1 变 0，1 变 0，一旦有了故障，情况就不堪设想。所以在数字电路编码理论中，必须改用另外一种编码法。这种编码方法，每次只改变一个数字，恰恰就同上面所说的"猫变狗"的例子一样。

"天生万物必有用"，以前有过这样的事情：在化装舞会上小丑头上戴的橡皮高帽子，一旦起火时竟然可以作为盛水的容器。怪不得英国女王要吩咐白金汉宫的内务府大臣："凡是卡洛尔先生所写的书，不管它是什么，都拿来给我看看。"

集合与猜谜

我翻译过许多书，不少外国数学家都异口同声地赞扬中国儿童的数学才能。他们认为，关键在于汉字，它由许多零部件组合而成，而"集合"恰恰是数学的一个核心内容。于是不知不觉之中，潜移默化，数学观念就渗入他们的大脑中去了。

孩子们一般都知道集合中有公共元素的问题。下面这个猜汉字的故事非常巧妙地提到了这一点，同时也提醒了大家：数学是无所不在的。

A、B、C、D、E、F 六个孩子都是小学五六年级的学生，智商很高，各门功课全面发展，尤其爱好语文、历史，喜欢阅读课外参考书。

有一天，放学以后，他们安步当车，走出扬州市区，到瘦西湖去玩，大家兴致很高。A 说："我们可以边喝饮料（午后红茶），边做游戏。为了助兴，我来出一个谜语，谜底是个汉字，笔画不多，也很常用。请大家猜猜看：唐虞有，秦汉无；商周有，孔孟无，古文有，今文无。"

B 听后，笑嘻嘻地接着说："我一听你的谜面，就猜到了，但不想说破它，就用你的谜底来另外再出一个吧：善者有，恶者无；智者有，愚者无；足上有,手上无。"

C听了A、B的话,早已心领神会,他也紧接着说:"列位听了! 听者有,看者无;跳者有,走者无;高者有,矮者无。"

D也不甘示弱地说:"右边有,左边无;后面有,前面无;凉时有,热时无;哭者有,笑者无。"

E是一个非常风趣的孩子,他对扬州著名的风景名胜古迹大明寺、琼花观(又叫"蕃釐观")都了如指掌。于是他别开生面也作了一个谜:"各位请听:哑巴有,聋人无;跛子有,麻子无;和尚有,道士无。"

原来,大明寺里有不少和尚,还有鉴真大师纪念堂。琼花观则是著名的道观,同苏州著名景点玄妙观相似。苏州最热闹繁华的大街,有"苏州的南京路"之称的观前街,原意就是玄妙观前面的大马路。

他刚说完,大家都哈哈大笑起来。

最后,轮到F来做总结。他指出,谜底是同一个字:口。

口是这些集合中的公共元素,"和,尚"里面含有"口"字,"道士"里面却不含,明白了吗?

想私吞我的铜钱吗? 没门!

中国民间,能绘画的人多得不计其数。前几年,我在扬州看到一位署名"江淮打鱼人"的花鸟画,画得就非常出色。

话说清朝过了乾隆盛世以后,国力急转直下,苏北地区的农民生活日益困苦,许多人只好外出打工谋生。

张三和李四两位木匠住在同一村庄,他们都在异乡打工干活。有一年中秋节,李四回乡过节,张三有事走不开,就托李四带铜钱回家,还顺便给他一只小包,一并转交给张妻。

李四在家乡欢欢喜喜地过了节,又要渡江南下去苏州了,便把张三托他捎带的铜钱和小包交给了张妻。这位中年妇女给李四倒了茶,就开始数铜钱,然后打开小包查看。她看见小包里面有一张纸,就取出来仔细地瞧了又瞧。

张三的老婆终于开腔了,她开门见山,直截了当:"我丈夫说得清清楚楚,带回来100个铜钱,你为何只给我80个?"

李四没有想到张三老婆有此一问,毫无思想准备,不免显得紧张,连忙辩解道:"你老公明明只有80个铜钱叫我捎带给你养家,贴补家用,你怎么说是100个?"

张三的妻子指着那张纸说:"信上说得清清楚楚,这可是真凭实据!"

李四知道张三是个文盲,目不识丁,就笑着说:"你丈夫一字不识,哪里会写信?"

张妻抖了抖那张有点皱的纸:"你看!纸上画着8只八哥,4只斑鸠,八八六十四,四九三十六,64加上36不是正好等于100吗?"

李四听了,目瞪口呆,只好乖乖地拿出了原想捞进自己腰包的20个铜钱。

人与鬼,谁的本领大?

鬼是不存在的,但一些童话、寓言、故事却把并不存在的鬼说得活灵活现,甚至说鬼比人还聪明。清代的文学家蒲松龄先生写了一部不朽的小说《聊斋志异》,吸引了无数读者,有人写了一副对联来歌颂他:

> 写鬼写狐高人一等,
> 刺贪刺虐入骨三分。

外国也有不少鬼故事,有的还做成碟片,在互联网上到处传播,甚至说,青面獠牙的大头鬼十分厉害,连哈利·波特都怕他三分,不敢冒犯他!

有这样一个故事，人和鬼在黑森林里不期而遇，双方都自吹本事高强，谁也不服谁，于是就请希腊神话里的智慧女神雅典娜（天神宙斯的女儿，希腊首都雅典的保护神）来做裁判。

女神大笔一挥，随手画了两个图形（见图1，图2）说："你们各选一个图形，必须用一笔画出，笔不离纸，不能重复，谁先画好，就是谁的本领大。失败者一定要服气，不能再来无理取闹。"

图1

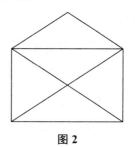

图2

鬼一看图1简单，图2复杂，立刻说："我画图1。"

人想了一会儿说："那我就画图2吧。"

鬼抓耳挠（náo）腮（sāi），想了半天，始终没画成功。

人稍加思索，不慌不忙，拿起笔来，一笔就画成了。

女神说："图1是个四边形，四个顶点都是单数顶点（每个顶点有三条线段相交于此），它是无法用一笔画出的。图2看上去像是更复杂一点，但只有下面两个顶点是单数顶点，只要把其中的一个作为起点，另一个作为终点，就能轻松地画出来了。你们说，究竟谁的本领大？"

关门弟子

山本太郎是日本有名的"宾馆大盗"，他从未失手，变卖赃物，收入丰厚，后来竟成了大富翁，于是决定"改邪归正"，洗手不干了。

太平无事地过了将近十年之久，在友人的苦苦哀求下，山本情面难却，收下了一个"关门弟子"梅津安保，传授了他行窃手法。

梅津得到了"老师"的真传，跃跃欲试。他先下"本钱"搞到了新东洋饭店100室的房门钥匙，然后寻找机会，伺机下手。岂知天有不测风云，人有旦夕祸福，饭店的管理层，突然心血来潮，采用了"鬼谷算"编码法，据说是客房经理访问四川道教胜迹时，从中国学来的，神奇得很。

例如，房间号码为52，用这个数分别除以3，5，7，余数是1，2，3；于是就把相应的钥匙编号为123，用123号钥匙打开52室的房门，一般小偷岂能想到？鸡鸣狗盗之徒就难免"阵上失风"了。

梅津不知道有此陷阱，于是傻了眼。用他先前搞到的100号钥匙，无论如何打不开100室的房门。正在他无计可施，进退两难之时，巡夜的保安人员见他形迹可疑，一把将他逮住。审讯以后，梅津咬出了他的"师父"，于是山本也就锒铛入狱，家产被全部充公了。

也许有人担心，用这种方法编号，会不会出差错呢？譬如说，两把不同的钥匙可以开同一房间的门，或者有些房间所有的钥匙都打不开。怀疑是可以的，但实践和理论都表明，绝没有这样的事情，担心完全多余。

现在来说明一下，怎样从123推算出52？其办法是把1乘上70，2乘上21，3乘上15，然后统统相加起来，如果和数超过105，就要减去105，答案便出来了，即：

$$（1×70＋2×21＋3×15）－105＝52$$

这个算法早就被古代数学家编成了歌诀，用起来相当方便：

> 三人同行七十稀，
> 五树梅花廿一枝，
> 七子团圆正月半，
> 除百零五便可知。

这里要解释一下，除百零五的"除"，是减除的意思，它与除法的"除"，意义完全不一样，不能混淆。

用此办法，宾馆的客房数目不能太多，一般应在一百之内，对于中、小型旅店来说，用起来至为方便，可谓绰绰有余了。

知道内幕的人一看就知道应该用哪把钥匙开哪间房门，绝对错不了，而不知底细的窃贼就会跌入陷阱。不亦快哉！

足球骗子

有一天，乔治在删除垃圾邮件时，看到了这样一个标题：令人吃惊的足总杯比赛预测。他好奇地点击了它，里边写着：

亲爱的球迷，我们知道你是个怀疑论者，凡事不会轻易相信，可我们确定已经设计出了绝对准确地预测足球比赛结果的奇妙方法。今天下午，英国足总杯将进行第三轮比赛，对垒的是考文垂队和谢菲尔德联队，我们预测考文垂队将会取得胜利。

乔治看过后，轻蔑地一笑，没有当回事。晚上，他收看电视里的比赛结果，考文垂队果然势如破竹地赢了。

三个星期后，乔治又收到了那个人的一封电子邮件：

亲爱的球迷，你是否还记得，在上一轮足总杯比赛中，我们曾事先准确地预测了考文垂队获胜？今天，考文垂队要和米德尔斯堡队交手了，我们的预测是，米德尔斯堡队将获胜。同时我们强烈地奉劝你不要去同别人赌输赢，但请你密切关注比赛结果，看看我们的预测结果是否准确。

那天下午，双方打成了1比1平局。考文垂队本来很强，却完全没有发挥出来。而在次周二加赛时，米德尔斯堡队却以2比0的比分胜出。这一回，乔治有点惊讶了。

过了几天，那个人的电子邮件又来了，预测米德尔斯堡队将在第五轮比赛中失利，特伦美尔队将会打败它，结果居然真的如此。

四分之一决赛之前，那封电子邮件又告诉乔治：特伦美尔队将老老实实地输给陶顿亨队。事实果然如此。

四次预测,四次全都说中了!

接着,那个人在电子邮件中对乔治说:我们买断了一位数学家最新的研究成果。现在你大概相信,我们确实很有把握,能够料事如神。在半决赛中,阿森纳队将会打败伊斯普维奇队。

乔治是个不服气的人,他通知了许多朋友,下午一起看球赛直播,并且计划在阿森纳队输掉之后,大肆羞辱那个信口开河的家伙。但是在落后的情况下,阿森纳队奋起直追,最后竟以 2 比 1 获得胜利。太不可思议了!

第二天,那个万分灵验的邮件又来了,这回它说:亲爱的球迷,你已经体验了我们神奇的预测,现在你信服了吧?我们已经做出了五次正确的预测,五发五中,你一定会同意它绝非运气,尤其是所有的冷门我们都猜中了。现在我们和你做一笔特殊的交易:在一个月的时间内,我们向你提供比赛预测,你只需支付 200 英镑的订金,然后发一封电子邮件,把参赛的两个队告诉我们,我们就会将预测结果通知你。我们殷切地盼望能收到你的订单。

200 英镑的要价确实不低,但如果事先能知道哪一个队能赢,就完全可以从彩票商的手中赢来 20 万英镑。

当然,乔治也怀疑过,他们是暗地里操控球赛的财团,或者是黑社会,但是这一切都同乔治没关系,只要预测结果准确就行。于是,他心甘情愿地掏出了 200 英镑。

事实上,这些人不过是一群骗子,里头或许会有几个数学家。

一开始,他们向球迷发了 8000 封邮件,一半是预测甲队获胜,另一半是预测乙队获胜。于是就有 4000 人得到的预测是准确的,另一半人则会把它当作一个笑话忘掉。

下一次,他们只给得到"正确预测"的 4000 人发送邮件,一半是预测丙方获胜,另一半是预测丁方获胜……依此类推,所谓的灵验得不得了的预测者总是给得到"正确预测"的一部分人发送新邮件。最后,剩下 250 人收到的预测结果便全部是正确的！他们当然会认为这种预测绝对灵验。其中假如有 50 人掏出 200 英镑,对于骗局的策划者来说,就是一笔很可观的收入了。因为他们除了发发电子邮件,不需要任何本钱。

亚洲最高的圣诞树亮了

这是 2007 年亚洲最高的一棵圣诞树,它十分优雅地耸立在上海的淮海中路上,在很远的地方就能望见。圣诞树的背景是大上海时代广场,在图上仅仅露出了冰山一角。上海时代广场的英文名称叫 Shanghai Times Square,它坐落在淮海中路 99 号(龙门路口),位于马路南侧。

夜幕降临,这棵 37 米高的圣诞树吸引了无数的过客,甚至有人从外地专程赶来观看。这不,它无疑是一个童话的世界,浪漫圣诞,载歌载舞。孩子们是主角,他们纷纷牵着小手,在圣诞树下快乐地唱歌跳舞。头上戴着的红色圣诞帽上下跳跃着,活像一群小精灵,预示着光明与幸福的未来。

以目前建筑物的平均每层高度来计算,37 米至少相当于十层,简直是个"小高层"了。37 是个很神奇的自然数,也许是个"巧合"吧,它使我想起了国外某数学书刊上的一则有趣谜语,当然它也是给小朋友们猜的。

谜面是这样的:有一个国际性的大节日,月份数与日期数,分别都是两位数,其和等于 37。由月份数与日期数串联而成的四位数(月份数在前,日期数在后)正好是个完全平方数,它能被 5,7 分别整除两次。

请问,这是个什么节日?

答案当然是 12 月 25 日,即圣诞节。

请看:$12+25=37$,$1225=35^2$,

而 $1225=5 \times 5 \times 7 \times 7$。